每天一堂
逻辑思维课

小黑◎著

中国华侨出版社
北京

图书在版编目（CIP）数据

每天一堂逻辑思维课/小黑著.—北京：中国华侨出版社，2018.5

ISBN 978-7-5113-7617-6

Ⅰ.①每… Ⅱ.①小… Ⅲ.①逻辑学—通俗读物 Ⅳ.① B81-49

中国版本图书馆 CIP 数据核字（2018）第 044429 号

每天一堂逻辑思维课

著　　者 / 小　黑
责任编辑 / 高文喆　杨　宁
责任校对 / 孙　丽
经　　销 / 新华书店
开　　本 / 670 毫米 ×960 毫米　1/16　印张 /18　字数 /290 千字
印　　刷 / 三河市华润印刷有限公司
版　　次 / 2018 年 6 月第 1 版　2018 年 6 月第 1 次印刷
书　　号 / ISBN 978-7-5113-7617-6
定　　价 / 38.00 元

中国华侨出版社　北京市朝阳区静安里 26 号通成达大厦 3 层　邮编：100028
法律顾问：陈鹰律师事务所
编辑部：（010）64443056　　64443979
发行部：（010）64443051　　传真：（010）64439708
网　　址：www.oveaschin.com
E-mail：oveaschin@sina.com

前言

我相信，每个人脑海中都曾浮现过这样一个问题："我的思维符合逻辑吗？"对于大多数人而言，逻辑思维乍听之下是一个"高端、大气、上档次"的词汇。在潜意识里，我们总是将逻辑思维与"真相""合理""睿智"等名词画上等号。然而，逻辑思维其实没有这么玄乎，它是存在于人脑中的一种理性的思维活动，是人类认识世界的一种思维方式。

有时，逻辑思维又被称为抽象思维，人们认为这是一种"闭上眼睛的思维"，这种思维方式具有极强的精确性、严谨性、规范性和可重复性。在逻辑思维的过程中，人们通过概念、判断、推理、论证等方式来认识和理解客观世界。

在生活中遇见一个逻辑思维能力很强的人，我们往往会肃然起敬，希望有朝一日也如他一般睿智。那么，人类的逻辑思维能力究竟从何而来呢？其实，一个人的逻辑思维能力并非与生俱来的，需要经过一个长期的培养与训练的过程来获得。

客观世界里，万事万物瞬息万变，虽然不同事物之间有着各种差别，但就其本质而言，又有着千丝万缕的联系。在遵循逻辑的客观规律的前提下，我们可以运用概念、推理、判断、归纳、类比等方式构建一套完整的逻辑认知体系，同时促使思维模式向多元化发展，有效克服思维定式。

这是一个信息大爆炸的时代，我们每天都会接触到有关经济、教育、医疗、投资等领域内的信息，很多言论貌似合理，然而，稍加推敲，就会发现其内容模棱两可，有的利用语句歧义，有的偷换概念，更有甚者本身就是谎言。置身于信息的茫茫大海里，我们只有不断改进思维方式，才能甄别真假，从中过滤出对自己有用的信息。

在古代的中国、希腊和印度，很多睿智的先哲早就意识到在日常生活中只要对语言或思维中那些机巧、环节、过程稍加利用，就能产生出其不意的效果。这些先哲不断反省与思辨，他们不仅为我们留下了许多趣味盎然的逻辑故事，还形成了一套完整的逻辑体系。如今，我们更不能忽视逻辑思维的重要性。作为一个现代人，持久的财富并不是暂时的月入斗金，而是拥有一种怎样的思维方式。

驰骋在跌宕起伏的人生之旅，思维是我们手中永远的砝码。希望这本《每天一堂逻辑思维课》能帮助你开启逻辑那片神奇天地的大门，对你的生活、工作和学习有所助益。

目录

第一章
非逻辑思维：合情合理，却不合逻辑

1. 唱反调的非逻辑思维 / 003
2. 不可知论：非逻辑思维的根源 / 005
3. 追溯真相，本体与逻辑的差异 / 007
4. 弯道超车，感觉经验靠不住 / 009
5. 非黑即白的思维定式 / 011
6. 求同本能，一场"传染"病 / 012
7. 停一停，别一厢情愿 / 014
8. 英雄论不论出身 / 016
9. 不妨让答案更简单 / 018
10. 先明确观念，再有效沟通 / 020
11. 理性不是万能的 / 022
12. 你永远无法感知的逻辑思维 / 024

第二章

逻辑思维：突破思维的瓶颈

1. 思维有逻辑，论证才清晰 / 029

2. 符合"逻辑"，也未必是真理 / 031

3. 思维的壁垒：逻辑的局限性 / 033

4. 小逻辑，大作用 / 035

5. 逻辑学，生活中也适用的科学 / 037

6. 逆向思维：反弹琵琶，突破常规 / 039

7. 发散思维：事物都是多面体 / 041

8. 超前思维：总比别人快一步 / 043

9. U形思维：迂回前进，曲径通幽 / 045

10. 收敛思维：一步步逼近真相 / 047

11. 组合思维：打造思维的"百宝箱" / 049

12. 类比思维：创新源于比较 / 051

13. 抽象思维：透过现象看本质 / 053

14. 侧向思维：条条大路通罗马 / 055

15. 追踪思维："为什么"背后的答案 / 056

16. 系统思维：从全局着眼 / 059

17. 假设思维：假设是论证的基石 / 061

18. 归纳思维：回归本质，从特殊到普遍 / 063

19. 求易思维：由繁入简，返璞归真 / 064

第三章

逻辑定律：逻辑的理性运转

1. 同一律：事物只能是其本身 / 069
2. 违反同一律，别样的幽默 / 071
3. 偷梁换柱，别忘了同一律 / 073
4. 排中律：明确的"是"与"非" / 075
5. 究竟是谁违反了排中律 / 077
6. 排中律的守则：含含糊糊可不行 / 079
7. 矛盾律：唯一的事实 / 081
8. 自圆其说，矛盾律的法则 / 083
9. 充足理由律：任何事物的存在都有充足的理由 / 085

第四章

逻辑概念：思维大厦如何建成

1. 概念，逻辑思维的细胞分子 / 089
2. 偷换概念，诡辩者的把戏 / 091
3. 明确概念，给事物贴上标签 / 093
4. "鸡同鸭讲话"：共用概念的缺失 / 095

5. 混淆概念，思维上的混战 / 097

6. 没有清晰概念，就没有逻辑思维 / 099

7. 词语的歧义，逻辑的乱象 / 101

8. "天地一指"不成立：逻辑并不是逻辑学 / 102

9. 加工概念，让逻辑浮出水面 / 104

10. 概念，反映思维对象的本质属性 / 107

11. "苦恼的蝙蝠"：概念归类的逻辑问题 / 108

第五章

逻辑推理：由已知演绎未知

1. 逻辑推理：有理有据，言之凿凿 / 113

2. 不符事实的推理，再"完美"也有逻辑漏洞 / 115

3. 表述含糊，推理的"绊脚石" / 118

4. 模态逻辑的模态判断和性质判断 / 120

5. 省略推理：我以为你知道 / 122

6. 不要将自己的逻辑强加于人 / 124

7. 厘清事物变化的逻辑，正确推理的前提 / 126

8. 直接推理：抽丝剥茧，发掘真相 / 129

9. 联言推理：林肯演讲 / 131

10. 假言推理：酋长遇刺 / 133

11. 二难推理：进退两难的囚徒困境 / 135

第六章

逻辑命题：不假设，无逻辑

1. 命题，逻辑推理的奠基石 / 139
2. 命题，一门恰当判断的艺术 / 141
3. 错综复杂的命题与语句 / 143
4. 立论的严密性，逻辑推理的生命 / 145
5. 直言命题：是金子就会发光 / 148
6. 假言命题：常在河边走，怎能不湿鞋 / 150
7. 选言命题：宁为鸡头，不做凤尾 / 152
8. 隐含命题：隐形的巨大能量 / 154
9. 关系命题：避免一厢情愿 / 156
10. 用对命题，严密推理的基础 / 158

第七章

归纳逻辑：差之毫厘，谬之千里

1. 有逻辑地归纳信息 / 163
2. 妙用逻辑归类，让知识化零为整 / 165

3. 归纳逻辑：先总结事实，再推出结论 / 166

4. 归纳推理，还原事实真相 / 168

5. 巧用归纳推理，让逻辑更有条理 / 171

6. 归纳思维，预测未来 / 173

7. 归纳逻辑，让故事环环相扣 / 175

第八章

类比逻辑：同中取异，异中求同

1. 寻找相似点，有逻辑的创新 / 181

2. "卡壳"的思维：相同病症，不同药方 / 182

3. 类比推理：把握层层递进的节奏 / 184

4. 类比逻辑，如何求同求异 / 186

5. 类比逻辑，让表述更委婉 / 188

6. 触类旁通，类比的内在逻辑 / 190

7. 错误类比，一种思考上的错误 / 192

8. 科学家有时也说蠢话 / 194

第九章

因果逻辑：原因未必指向结果

1. 是推理的结论，还是因果的结果 / 199

2. 化繁为简，神奇的因果逻辑 / 200

3. 连续发生的事件也未必是因果关系 / 202
4. 祭祀，强扭的因果关系 / 204
5. 所谓奇迹，因果逻辑的诡辩 / 206
6. 前提错了，结论未必错 / 208
7. 事物的相关性不等于因果性 / 210

第十章

语言逻辑：逻辑成就语言大师

1. 人际沟通，一种语言行为 / 215
2. 语境中的逻辑奥秘 / 217
3. 妙语解围，逻辑是关键 / 219
4. 巧用幽默语言，逻辑高手的聪明作答 / 220
5. 正话反说，意味深长 / 222
6. 活用认知悖论，掌握话语权 / 224
7. 语言逻辑，巧妙的推销艺术 / 227
8. 反语广告，"吸睛"的法宝 / 229
9. 话里有话，一个词的两个意思 / 230
10. 诱导性语言，都是"纸老虎" / 232
11. 博弈，有策略地讨价还价 / 234

第十一章

逻辑悖论：识破哲学家的小把戏

1. 美诺悖论：向理性思维发起挑战 / 239
2. 赌徒悖论：总有人心存侥幸 / 241
3. 罗素悖论：谁来为理发师服务 / 243
4. 分散投资悖论：别把鸡蛋装在一个篮子里 / 245
5. 学费悖论：应不应该交学费 / 247
6. 循环论证：换一种方式表达 / 249
7. 白马非马：事物的内涵与外延 / 252
8. 老虎悖论：话里有话的玄机 / 255

第十二章

逻辑陷阱：看诡辩者歪曲逻辑

1. 逻辑陷阱，诡辩者的"逻辑" / 261
2. 不相干论证，阿Q的神逻辑 / 263
3. 怜悯陷阱，同情心泛滥 / 265
4. 加入假设，暗中操作 / 267
5. 不充分谬误：闻到菜香味不等于吃到菜 / 269
6. 诉诸人身：不对事，只对人 / 271
7. 广告偏见，一本正经的胡说八道 / 272
8. 权威的藩篱，逻辑的枷锁 / 274

第一章

非逻辑思维

合情合理，却不合逻辑

1

「 唱反调的非逻辑思维 」

关键词提示：非逻辑思维、直觉、想象、灵感

人类的有些思维活动是无法用正常的逻辑程序来解释或说明的，这类思维活动被称为非逻辑思维。实际上，并不是所有的非逻辑思维都是无规律或与逻辑不符的，有的非逻辑思维同样是人类理性的一种表现。具体来说，灵感、想象、直觉等都属于非逻辑思维的范畴，在开展创造性思维活动的过程中，它们常常发挥着至关重要的作用。很多科学家也认同这一观点，即在科学或工程实践的过程中，有些创造性的理论或方案是难以通过正常逻辑思维来实现的，只能借助灵感、想象力、直觉等非逻辑思维来解决。

下面，我们一起来看一个有关非逻辑思维的小故事。

贝尔纳是法国知名生理学家，在生理学领域内展开了一系列实验并取得了令世人瞩目的成就。1846年，贝尔纳发现在脂肪消化和吸收的过程中，胰液发挥着重要作用。那么，贝尔纳是如何发现这一现象的呢？有一次，他从集市买回几只兔子，用来做实验。他对兔子的尿液进行了观察，他发现，比起其他的食草动物，没有进食的兔子的尿液明显要清澈许多，还带有碱性。这个现象让他困惑不已，根本无法用传统的逻辑思维来解释。经过很长时间的思索，贝尔纳最终提出一种假设：那些没有进食的兔子从自己体内汲取养分，并通过尿液排出来。接着，他展开了一系列相关实验，最终，他成功发现胰液在脂肪消化过程中起着至关重要的作用。

实际上，贝尔纳提出的"那些没有进食的兔子从自己体内汲取养分，

并通过尿液排出来"这一说法完全是他的想象，因为遵循传统的逻辑思维，食草动物的尿液并没有类似的现象。正是在直觉和想象力等非逻辑思维的促使之下，他才灵光一现，提出了这个假设。接着，他又展开了一系列相关实验来验证这一假设，最终在本领域内取得了惊人的突破。

人类的非逻辑思维有着多种形式，其中最典型的形式包括偷换概念、循环论证、否定前件、肯定后件、简化推理、博取同情、混淆视听等。

偷换概念。在表述的过程中，借助多义词等模糊不清的语言表达形式来引发歧义或谬误。以经典的三段论为例，如果论证过程中的某一项有着多种不同的含义，那么，人们就很难发现其中的逻辑错误。

循环论证。循环论证又被称为恶行论证，指的是把尚且有待证明的观点作为不证自明的前提条件，试图避免整个论证过程。比如说，因为小明在撒谎，所以，小明是个撒谎成性的人。

否定前件。这是条件论证的一种无效形式，比如说，如果小明在走路，那么他在移动；小明没走路，因此，他没在移动。

肯定后件。这也是条件论证的一种无效形式，比如说，如果小明在走路，那么他在移动；小明在移动，因此，他在走路。

简化推理。有时候，对错综复杂的现实情况进行简单扭曲而达到简化的目的也是不符合逻辑的，当结果过于简化时，现实也往往被扭曲了。

博取同情。通过一些经过精心设计的情感轰炸来模糊论题，比如博取同情，把焦点聚在论证的外围问题或完全无关的问题上面，直接影响他人的情绪。

混淆视听。故意提出一些与论证无关的情感信息来分散注意力。具体形式包括所提供的信息与正在进行的论题毫无关联；直接诉诸情感，而非推理等。

2

「 不可知论：非逻辑思维的根源 」

关键词提示：不可知论、根源

不可知论是一种与可知论相对的哲学理论，具体来说，是一种关于哲学的认识论。不可知论主张，除了感觉或浮于表面的各种现象之外，人们是无法认识这个世界的本质的。可见，不可知论将社会实践的巨大作用彻底忽略，完全否认事物的客观规律。然而，事实上，我们所生存的大千世界是客观统一的，任何没有经过具体实践而进行的先验性判断都是一种自我否定。

早在古代怀疑者那里，不可知论的一些典型思想因素就开始萌芽。后来，到了18世纪，它作为一种系统性的哲学理论在欧洲首先出现。18世纪，欧洲的自然科学并不发达，人们有关各种自然事物的认识和相关知识也不成体系，无法对各种现象或事物的本质进行科学的回答。而如果稍稍回顾一下欧洲哲学史，我们就会发现，欧洲人在很早之前就开始探讨并研究诸如本质与现象、必然与偶然、实体与偶性等彼此对立的关系，然而，他们在形而上学的范畴内长时间寻觅不到满意的答案。于是，为了解决上述困惑，一些哲学家纷纷提出猜想，指出万事万物背后还隐藏着一个物自体，而它是人们所不可认识的。

1869年，英国生物学家T.H.赫胥黎正式提出了不可知论这一概念，用来描述他的哲学观点。不可知论即agnosticism，其中的agnostic一词是由希腊语a"没有"和gnosis"认识"组成。可见，不可知论从本质上说是一种否认人们有认识或充分彻底地认识这个世界可能性的哲学理论。

不可知论如同一道曙光，将那些困惑了几代人的问题疑云照亮了，它背后也多了一批忠实的拥趸者，也就是不可知论者。他们既怀疑宗教神学的各种教条，又不认可无神论者，认为应该将是否有宗教存在这个问题搁置起来，不再探讨。休谟就是近代欧洲不可知论拥趸者的一位代表人物。他有关不可知论的主要观点集中体现在两方面：第一，物质对象或上帝是否是不可知的；第二，事物之间的因果关系或普遍而必然的规律是否是不可知的。休谟认为，事物的存在是不可知的，这是对贝克莱"存在就是被感知"这一哲学观点的继承，而后者则是他个人的创见，之后，又深刻地影响了康德的哲学观乃至现代的科学哲学。在休谟看来，因果关系是非理性的，人们通过归纳总结根本无法探索出事物之间的普遍存在的必然规律；人们之所以相信现实生活中各种因果关系，比如凉水让人头脑清醒，火堆让人温暖，原因在于如果不相信，就难免要吃苦头；然而，就理论层面而言，人们借助理性是无法得出事物之间的因果关系的。对此，他总结道："我们有关原因与结果的一切推论都来自习惯；与其说信念是人类与生俱来的一种思考行为，不如说它是一种感觉行为。"

在休谟的基础上，康德对不可知论进行了更深入的探析。他认为，人们意识之外的那个世界是客观存在的，也就是"自在之物"，人们的所有感觉都来源于此，这是一种典型的唯物主义观点。然而，他同时又强调，人们是无法认识自在之物的，人们只能通过感官感受到各种与自在之物有关的感觉或现象，然而，这些感觉或现象却并不是对自在之物的如实反映。对此，他进一步指出，人们可以凭借天性中的"感性直观形式"和"知性的纯概念"来认识现实的主观感觉或现象，然而，却无法认识自在之物的本质。一旦人们试图用"理性"这种最高级的认识能力超越现实去探析自在之物的本质的时候，就不可避免地陷入一种难以调和的矛盾里。康德由此得出结论，人类的认识能力是有局限的，永远无法抵达自在之物的本质。

由此可见，不可知论强调的并非人们无法认知世界，而是人类的理性认识是有限的，从而无法认识事物的本质或发展规律。可见，不可知论者强调的因为没有掌握足够的证据从而不应该对某件事物做出判断，对有效的逻辑推理是有一定作用的。如果对于某件事物的认识是，不能准确做出判断，就应该以尊重事实为前提。然而，到了现代逻辑学，却涌现出一批逃避型的不可知论者，有些人类认识上的盲点是可以解决的，但他们却将这种"无知"视为是不可逾越的。对这些人而言，不可知更像是一种偷懒的借口。

3

「 追溯真相，本体与逻辑的差异 」

关键词提示：本体真相、逻辑真相

人们所进行的各种逻辑推理都是基于同一个目的，那就是探寻事物的真相。然而，在很多情况下，真相扑朔迷离，捉摸不透。然而，只有探寻到事物的真相，我们所付出的诸多努力才是值得的。

事实上，真相可以分成两种，一种是本体真相，另一种是逻辑真相，其中的本体真相更基础。所谓本体真相，就是与存在有着直接关系的真相。一旦某件事物确实是本体真相，那么，它一定存在于客观世界的某一处。比如说，书桌上摆着一杯茶，这杯茶实实在在地存在着，它就是本体真相，而不是人们感受到的幻想。可见，虚无缥缈的幻想与本体真相是对立的。

逻辑真相则是真相的形式，它与一个命题的真理性息息相关，也更抽象。从更宽泛的角度来说，人类在思维或语言表达中会自然而然呈现出某种真相，那就是逻辑真相。要了解逻辑真相的概念，我们要先了解一下命题的概念。所谓命题，就是一种可以进行真假判断的语言表述。当一个命题被肯定时，也就意味着，它被判断为真；当一个命题被否定时，也就意味着，它被判断为假。换言之，一个命题如果能如实地反映某件客观事物，我们就能判断它是真的。比如说，"墙上挂着一幅画"这个命题，如果这里的确有一幅画，也的确有一面墙，而这幅画也的确挂在这面墙上，那么，这就是一个真命题。一个真命题正是借助语言这个媒介，将人们脑海里有关主观事实的观念与有关客观事实的真实状态之间建立起对应关系。在上述这个例子里，如果命题不符合真实情况，就是假命题。

  当我们试图确认真相的时候，必须先检验人们认定的或推断而得到的真相是否能在现实中找到相应的存在依据。也就是说，我们之所以努力确定真相，就是为了让主观与客观达成统一。然而，事物的客观情况应该作为我们的焦点。一旦我们无法确定某个命题的真假，比如"妈妈在上班"，那么，我们不能一味在大脑里反思妈妈、上班或其他概念，这无助于解决这个问题，我们应该亲自去确认妈妈是否在上班。可见，相较于逻辑真相，本体真相更根本。也就是说，现实情况是判断命题真假的唯一依据，在本体真相的基础之上，我们才能得到逻辑真相。

  当我们对本体真相与逻辑真相有了一定的了解后，就可以来解读一下谎言。事实上，人们撒谎反映的不是逻辑问题，而是心理问题。人们在撒谎的时候，总是很了解在现实中的真相究竟是怎样的，但他在表述的过程中刻意加以欺瞒或篡改。如果我们用符号来解释这个过程，会有更直观的感受，比如说，撒谎者很清楚"A 即是 B"，然而，他故意说成"A 不是 B"。

  可见，逻辑真相反映了命题内容与客观事实之间的关系。因此，人们形象地将有关真相本质的理解称为"符合论"。我们不妨以爱因斯坦提出的相对论为例，比如说，有一个有关物质世界的命题是真的，原因在于它符合相对论。也就是说，相对论作为一种理论能真实地反映物质世界存在的各种客观规律，是相对论本身让这个命题在逻辑上得以成立的。可见，如果某个逻辑真相要成立，它就必须与"符合论"也就是真相的本质保持一致。

4

「 弯道超车，感觉经验靠不住 」

关键词提示：感觉、经验

你如果来到泰国、缅甸或印度，会发现一个奇怪的现象：当地人用一个细细的铁链或柱子就能将一头大象轻松拴住。这个现象说明，如果人们单纯靠着自己的感觉或经验来做判断，那就成了那头被拴住的大象。

大象力大无比，为什么挣不脱那根细细的链子或柱子呢？因为在大象还很小的时候，驯象人就用一个细细的铁链子将它们拴住，绑在一根柱子上，小象力气也不大，无论怎么挣扎都无济于事。于是，那些小象慢慢放弃了挣扎，后来它们长大了，轻轻松松就可以挣脱铁链或柱子的束缚，但它们早已放弃了挣扎。这些大象就是以感觉或经验作为依据。

人们在现实生活中也习惯根据个人的感觉或过往的经验来展开逻辑论证，然而，这种论证通常并不靠谱。如果完全依靠经验来做判断，就会犯经验主义的错误。比如说，在昆曲《十五贯》里讲述了一个故事：

无锡县有一个名叫尤葫芦的人从亲友那里借来十五贯本钱，打算做点小本生意。他跟女儿戌娟开玩笑说，这十五贯是将她卖掉赚到的。结果，戌娟信以为真，连夜逃走了。是日深夜，一个名为娄阿鼠的地痞流氓闯入尤家，杀死尤葫芦，偷走了十五贯钱。他还恶人先告状，说戌娟谋财害父。

戌娟在路上结识了一个名为熊友兰的伙计，有人见到二人同行，心生怀疑。恰巧，熊友兰身上也携带了十五贯钱。于是，二人被人们押送去了县衙门。知县眼见"证据"确凿，还未审问就判定戌娟与熊友兰勾搭在一起，偷了钱财，还谋害了父亲，决定处死二人。

故事里，知县认为自己的逻辑推理有理有据："看她艳若桃李，岂能无人勾引？看他年正青春，岂能冷若冰霜？奸夫淫妇，情投意合，意欲比翼双飞，却遭父亲阻拦，故而杀其父，盗其财，乃人之常情也。"这位知县视为判案依据的"人之常情"其实是他的主观臆断。

可见，在很多情况下，过往的经验是靠不住的。其实，经验是一种感性认识，当认识主体与其对象有过实质接触后，由感觉器官而产生。可以说，经验与其认识对象之间有着直接联系。然而，感性认识有其局限性，只能反映事物某些表面的、具体的、外在的特征，因此，人们需要在认识事物的实践活动中，将认识从感性层面上升至理性层面。这是因为理性认识能反映事物内在的规律，比感性认识更可靠。事实上，感性认识与理性认识有本质上的区别，二者是认识过程中两个不同阶段，当人们对事物的认识从感性层面上升到理性层面的时候，就完成了认识过程中的一次飞跃。我们在实际生活中如果想少犯一些非逻辑错误，就要对理性认识多加利用，而不要武断地以感觉或经验作为判断的唯一依据。

爱迪生让一个学数学的人计算一枚灯泡的体积，这人大费周章，耗尽毕生所学，却没有得出答案。爱迪生提示他说："你不妨换一个思维方式。"这人又是一番折腾，但还是在他所擅长的数学领域里打转。

最后，爱迪生再也忍不住了，脱口而出："方法很简单，你只要用水把灯泡灌满，再把水倒入量瓶里，灯泡的体积就一目了然了！"这时，对方才恍然大悟，恰好是自己最擅长的学科禁锢住了自己的思维，才一味按照测量规则容器的方式来反复测量灯泡。一旦这种经验的框架被突破了，他就很轻松算出了灯泡这个不规则容器的体积。

我们很多时候靠着经验处理事情，却常常让简单的事情变得复杂了。一味地按照经验办事，会禁锢我们思维的空间，让我们难以发挥主观能动性，从而与成功失之交臂。因此，我们有必要认识到，事物之间存在着错综复杂的联系，同时，我们必须承认，任何人过往的经验都是有限的，要做到具体问题具体分析，要以严密的逻辑依据作为判断、推理的基础，不要被感觉或经验蒙蔽了双眼。

「 非黑即白的思维定式 」

关键词提示：非黑即白、非此即彼

人们有一种很常见的思维方式，那就是非黑即白，这是一种非此即彼的极端思想。简而言之，有的人习惯于认为生活或社会中的一些事物或现象是不存在中间状态的，它们要么全部是对的，要么全部是错的。这种思维定式古已有之，诸如"不成功就成仁""背水一战"等都体现了这种思维。人们在不知不觉间就把事物划分为了极端的两类，如非黑即白、非此即彼。

毋庸置疑，这种思维定式容易让人内心苦闷。在这种思维定式的主导之下，一旦人们没有获得100%的成功，就会认为自己是彻头彻尾的失败者；同时，还会认为自己周边的人不是好人，那就一定是坏人。

以下这些观点就是一种典型的非黑即白的思维：

要么对，要么错。

如果我是不完美的，那我就是失败的。

你如果不赞同，那就是反对。

想要获得幸福，必须让所有人都知道我的价值。

拿不到第一，就意味着失败。

我如果犯错了，那就证明我压根儿就不行。

我的努力只可能得到两种结果，要么成功，要么惨败。

一旦事情不像我所预期的那样发展下去，就是失败的。

别人如何看待我，将决定我的价值。

他要么很有男子汉气概，要么娘里娘气。

在日常生活中，有的人的思维活动正是以这种非黑即白的定式作为主导的，他们有着极强的自尊心，害怕面对失败，永无休止地鞭策自己，追求成功。因此，这些人的神经一直紧绷着，自然也体会不到幸福的意味。一旦遭遇失败，这类人就会将其视为灭顶之灾，"我的目标没能达成，我是彻底的失败者"。他们辛辛苦苦建立起来的自尊心于顷刻间瓦解，郁闷、自卑、焦虑、痛苦等负面情绪汹涌而来，如雪球一般越滚越大。

事实上，非黑即白的思考是一种概括性的陈述，它通常含有一定程度的真理，因而有一种与生俱来的诱惑力，然而，事实上，它是不完整的真理。对现实与证据的搜集与思考是得出完整真理的前提与基础，同时，还需要我们耗费大量的时间与精力去思考那些复杂的问题。因此，要想对复杂的问题进行评估，我们就要先搜集并分析所有证据。面对任何问题，当有的人给出非黑即白的答案时，你一定要在心里问问自己，证据是什么。

极端的断言总是遭到人们群起而攻之，恰如其分的适当断言则会收获很好的效果。当一个人过于自负，他就会不自觉地通过简化或延伸等手段来美化自己的观点，从而在辩论中拔得头筹。然而，这种做法在本质上就是非此即彼、非黑即白的。对真理的认知需要一个漫长而复杂的过程，首先，我们要承认目前的解决方法还有待完善，远离非黑即白的论断。这样，我们才能一步步靠近现实，领悟真理。

6

「 求同本能，一场"传染"病 」

关键词提示：求同本能、怀疑精神

人们总能从合群中获得某种安全感，而从差异中感受到某种不友好。

因此，对于人或事物之间的差异，人们也习惯用各种带有贬义色彩的词语来形容，比如说"讨人厌""上不了台面""非主流""差劲"等。可见，求同是人类的本能，根植于我们的思维中。那么，求同本能是否符合逻辑呢？

有的观点在某个群体里获得了普遍认同，然而，我们仍然难以判断它的真伪。无论是个人的观点，还是群体的主张，我们都必须进行一系列严丝合缝的思考与论证，才能判断其真伪。可见，盲目地追求与大部分人在观点或行为上保持一致是很不理智的，这无异于在没经过任何思考与论证的情况下就草率地将其他人的观点全盘照收。有时候，群体里会出现不同的声音，这些来自少数人的声音未必就是不合理的。然而，追求合群的本能仍制约着大多数人，成为人们思考问题时的绊脚石。

南加利福尼亚大学社会学系的一项调查研究表明，人类的原始祖先在数十万年前之所以能生存下去，就是因为他们懂得在防御、狩猎等方面互相配合。而原始人这种代代相传的部落传统也丝毫没有被后来兴起的文明取代。也就是说，团队合作是从人类先祖那里继承下来的宝贵遗产。当人们聚集在一起，作为一个团体付诸行动的时候，巨大而蓬勃的力量也会随之爆发。对于个人来说，他必须时刻保持着对群体的敏感度和忠诚度，这源自人类求同的本能。

然而，问题也随之而来。也就是说，如果团队采取了正确的行动，自然是皆大欢喜；如果团队采取了错误的行动，各种麻烦也会接踵而至。我们只需要回顾一下"二战"题材的老电影，看看纳粹在纽伦堡疯狂集会的场景，就会明白当团体的大方向错误的时候，会导致何等的悲剧！过度的群居往往意味着社会组织对个体超负荷的控制，随之而来的往往就是灾难。

总的来说，我们可以将人类求同的本能分为三种类型。

第一种是传统。人们对传统有着与生俱来的信任感，这往往让人忽略了证据与论证的重要性。在非理性情感的驱使下，人们容易盲从传统，不再乐于尝试不同的新鲜事物。有的民族在衣食住行等方面对自己的族人加以限制，原因甚至可以追溯至远古时代。这些原因放到今天，成立与否尚未可知。可见，我们必须像对待其他事物那样，以冷静而理性的态度对待传统。

第二种是害怕孤独。人类是群居动物，主要表现为在生理和心理上都明显地恐惧孤独。"不被任何团体所接纳"是人们避之不及的事情。某种程度上来说，因为害怕离群索居的那种孤独感，人们潜意识里宁愿放弃理性思考。早在美国建国时期，几代勇敢聪慧的开国元勋就敏锐地察觉到根植于人性深处的求同本能，因此，他们大力倡导国民追求言论上的自由，而坚决反对成立国教。

第三种是习俗。就本质而言，习俗是一种文化，并没有对错之分。美国的摩登女郎喜欢佩戴各种时髦的耳环，却认为那些佩戴着鼻环的非洲女性是野蛮的。那么，耳环和鼻环，究竟孰是孰非？显然，女性的穿着打扮受到了当地社会风俗的影响，并无对错之分。

很多时候，往往那些受到人们疯狂追捧的事物反而是错误的。当你看到一群人狂热地坚信自己掌握了真理时，他们往往是错的。虽然他们对真理的坚持有着各自的理由，然而，其中求同本能占据的比例显然最大。与其盲从，不如保持些许怀疑的精神。无论面对哪种观点或意见，都要冷静思考。

7

「 停一停，别一厢情愿 」

关键词提示：一厢情愿、具体问题具体分析

让我们来想象一下以下这番场景：万里碧空之上，你正在驾驶着一架飞机。突然驾驶舱内警铃大作，油表显示飞机燃料不足。那么，你是坐等

燃料耗尽、引擎熄火呢，还是选择迫降？又或者在危急关头寻找其他办法呢？毫无疑问，有人会就这个问题陷入长时间的思考中，然而，在这千钧一发之际，任何一厢情愿的思考都是没有意义的。

一厢情愿的思考总能让人感到快乐和惬意，比如说，我们希望天空会下一场糖果雨，或是如嫦娥一般奔向月球。然而，想品尝甜美的糖果，就必须去商店或超市；想前往月球，就必须乘坐宇宙飞船。这些一厢情愿的思考让人沉浸在幻想的世界里，然而，如果想在现实中实践，总会障碍重重。

一旦理性退居二线，这种幻想似的思考就会兴风作浪。我们回到刚才的问题，当飞行里程刚刚过半的时候，作为机长，你低头看看油表，发现燃料马上要用光了。那么，面对这个突如其来的灾难，你要如何应对？

每个人一生当中都会面临几个生死攸关的时刻。这时候，常常会有多个选择或答案摆在我们面前。有的可行，可以让我们峰回路转；有的不可行，会给我们带来灭顶之灾。在千钧一发之际，我们要如何以现实为根据，做出最佳选择呢？

摆在机长面前的第一个选择是，假设飞机的油表出问题了，飞机的燃料还充足。然而，据此来采取行动却是行不通的。我们不妨来仔细分析一下：飞机油表的准确率接近100%，出错的概率微乎其微。因此，事实上，燃料马上就要耗尽。而一旦燃料用完了，飞机就会从万里高空坠落，从而造成惨重的伤亡。

面临的第二个选择就是，将燃料的有无抛到一边，彻底忽略这件事。这时，你还可以像刚才那样优哉游哉地看着朵朵白云从机舱旁飘过。这种"眼不见为净"的选择体现了典型的鸵鸟心态。当危机来临时，鸵鸟会习惯性地将头扎入厚厚的沙子里。对于鸵鸟来说，看不见的问题就不再是问题。然而，问题绝不会因为你的逃避而离你远去。危险来临之际，它不会因为你的忽视而消失；与之相反，它会带来一连串的麻烦。可见，感知并思考现实是何其重要！

此外，还有第三个选择，那就是根据实际情况采取合理的行动，先降落加油，保全机组成员的生命安全，再继续飞行任务。

如果你在自己的生活中模拟上述飞行的例子，也会深受启发。当我们在日常生活中面对突如其来的复杂局面时，那些自欺欺人的或一厢情愿的想法总是会限制我们的能力，让我们无法充分理解当下的情况并做出恰当的反应。面对现实手足无措，一味陷入一厢情愿的思考，会严重影响我们的逻辑思维能力，从而遭遇失败。而我们需要做的是，直接而理性地面对来自生活的考验，根据实际情况适时地采取合理的行动。就像面对燃料不足的情况时，飞行员应该把各种不切实际的思考抛开，眼前只有两条路：要么眼睁睁看着引擎熄火、飞机坠落，要么降落加油，谋求一条生路。

8

「 英雄论不论出身 」

关键词提示：英雄、出身决定论

俗话说得好，"种瓜得瓜，种豆得豆"，还有一句是"有其父必有其子"。古人通过这些形象生动的句子来说明父子或父女之间在性情、能力等方面有相似性。如今，人们"以出身来论英雄"的思维模式正是源自于此。那么，这种出身决定论是否符合逻辑呢？

正所谓"龙生龙，凤生凤，老鼠的儿子打地洞"，自古以来，人们都默认这条定律：从祖先身上就能或多或少得知其后代的发展前景。也就是说，盖世英雄的子孙后代必然风采卓绝，大奸大恶之人的后代必然也是鼠辈。那么，一个人的性格、人品、能力等真的是由他的出身决定的吗？

赵奢是赵国的一代名将，他曾立下赫赫战功，在国内声望极高，他有一个儿子名为赵括。后来，秦军出兵征伐赵国，赵王想当然地认为赵括乃赵国一代名将之子，一定会在沙场上所向披靡。用赵括换掉了老将廉颇，赵王试图重用赵括，赵括之母曾多次谏言，苦口婆心地劝说赵王，不要让她的儿子担此重任。然而，赵王固执己见，让他率领军队与秦军对峙。然而，赵括一心求胜，将廉颇的战略规划全盘推翻，立马派出重兵攻打秦军。这一边，秦军假装不敌，仓皇逃走，赵军紧随其后，不知不觉间落入了白起精心布置的圈套里。

最终赵括一败涂地。赵国在"长平之战"中惨败，究其原因，还在于赵王在思考这件事情时逻辑上出现了问题。在他看来，赵奢是文韬武略的一带将才，那么，他的儿子必然也有军事方面的天赋，事实上，二者之间的关系并不是必然的。如果想了解赵括是否真的有能力，赵王就应该在日常生活中对他的各方面进行考察，尤其要从统兵打仗、使用兵法等技术层面来考察。

可见，父亲赵奢虽然是一代英豪，其子赵括却未必有统军作战的天赋。与之相反，那些大奸大恶之人的后代也未必是坏人。纵观中国五千年历史，秦桧算得上是头号卖国贼，也因此遗臭万年，而秦钜是他的曾孙子，却在抗金的战斗中奋勇杀敌，终成一代名将。

南宋年间，嘉定十四年，金兵兵临城下，杀入黄州。是年三月，浩浩荡荡的金兵涌入蕲州。当时，秦钜正是任上的蕲州通判。除了文韬武略之外，秦钜还有一颗对祖国的拳拳赤子之心。他率领城内守军，与金兵奋战一月有余，杀死了数万名敌军。然而，敌我力量悬殊，城里的守兵、武器与粮草越来越少，而南宋的援兵却迟迟没有赶来。最终，金兵还是攻下了蕲州。秦钜的老部下再三劝他乔装打扮成百姓，混出城去。然而，秦钜义正词严地拒绝了，坚持奋战，最后与他的家眷一同葬身于城内熊熊燃烧的大火里。

可见，我们不能草率地根据出身去判断一个人，而要从他的性格、人品、能力等入手，进行更全面而准确的判断。

9

「　不妨让答案更简单　」

关键词提示：复杂问题、简单答案、因果关系

漫长的一生中，人们总会遇到各种不得不解决的难题。这时候，多么希望能有一个简单的答案帮助自己渡过难关呀！然而，现实总是残酷的，大多数生活中的难题都没有捷径可走。当你尝试着寻找解决某个难题的答案时，你必须将一条重要原则牢记于心，那就是，任何在生活中能称之为难题的问题都是不简单的，那么，与之对应的答案也绝不简单。

随着人类文明的不断发展与完善，我们需要花费大量的时间与精力来处理越来越复杂的争议。然而，这却是一个好现象，因为面对来自生活与周遭环境的各种考验时，人类的潜能与创造力也随之被激发。

可见，鲜少存在简单答案，因此，如果一个看似简单的答案呈现在你面前时，你就要提醒自己，这个简单答案可能正在误导自己。因此，面对那些可以回答复杂问题的简单答案，我们绝对不要毫不犹豫地交付自己的信任。就像《伦理学》一书中，斯宾诺莎在最后写道："一切完美的事物，不仅是罕见的，也是难以获得的。"这句话在哲学或生活领域都适用。前两年，股市一路上涨，数不清的投资者纷纷跟风，投入大笔资金，最终昙花一现，大多数人因此付出了高昂的代价。当时，很多在股市日进千金的方法在坊间被人们口口相传，然而，这些跟风的方法都过于简单，完全无法应对风起云涌的资本风云。可见，简单答案永远无法解决复杂问题。

对那些不勤于思考的人来说，简单答案总有着难以拒绝的吸引力。原因大概有这样几方面：一些陈述或解释稳重而详细，然而，难免给人留下

第一章 非逻辑思维：合情合理，却不合逻辑

优柔寡断的印象；而有的主张却直接而大胆，哪怕它很有可能是错误的，也让人感受到了活力与力量。于是，在形形色色的答案里，简单答案总是最容易抓住人的眼球，而人们也在孜孜不息地探寻着捷径，即最简单的答案。

比如说，在购买珠宝的时候，大多数人往往通过一纸鉴定证书来判断珠宝的真假。然而，二者之间存在必然联系吗？事实上，人们只是通过珠宝的鉴定证书来寻找某种精神上的慰藉。

一位女士在一家珠宝店里徘徊了很久，她看上了一个金镯子，却觉得真假难辨，难以下定决心。服务员走上前来，贴心地将金镯子从陈列台里拿出来，递给那位女士："您的眼光真好，这是我们店里的最新款。"

女士将金镯子放在手里，左右打量，犹豫再三，最后还是摇了摇头。

接着，服务员又从陈列台里将其他几款金镯子递给那位女士。然而，她放在灯光下细细打量再三后，又都一一放下了。

最后，服务员将一个熠熠生辉的金镯子递给她，说："您看，这个镯子的黄金纯度是99.9%，已经是店里的镇店之宝了。"

女士放在手里，端详片刻，突然问道："你们店里有证书吗？拿给我看看。"

服务员马上说："有，您稍等一下，我马上去打印一张。"

可见，女士因为担心受骗，才再三犹豫。哪怕这镯子是纯金的，也需要证据来证明。然而，鉴定证书与镯子的真假之间的因果关系真的成立吗？正如我们所知，真正的逻辑推理是将不同排列顺序的意识展开一系列相关性的推导。然而，珠宝的真伪与鉴定证书之间没有任何相关性，我们需要用专门的仪器设备和科学手段来检验镯子的黄金纯度，而不是用一纸证书来证明。因此，销售商的这种逻辑推理是不成立的，鉴定证书也只是予以消费者心理安慰的一剂药方。

10

「　先明确观念，再有效沟通　」

关键词提示：观念、语言、表达方式、有效沟通

　　当一个人处于思维混乱的状态下，他是无法与他人进行有效沟通的。如果一个人对自己的想法都不甚明确，他又如何清晰地将自己的想法阐述给他人听呢？然而，观念明确只是实现有效沟通的第一步，除此之外，你使用怎样的语言以及选择怎样的表达方式也至关重要。

　　语言与逻辑息息相关，可以说，语言与观念之间的关系正是语言与逻辑之间关系的一种折射。无论何时何地，如果我们试图与他人就某些想法展开沟通，语言是必不可少的有效媒介。当语言与观念的匹配程度越高，彼此之间的沟通也就越高效。

　　沟通最基本也最重要的一个步骤就是实现语言与观念的匹配，接着，我们还要以观念为基础，建立一连串清晰连贯的语言表述。比如说，我突然对你说"西瓜"或"苹果"，你肯定会竖起耳朵来，等着我继续说下去。这时，一个疑问在听话人心里产生，那就是"西瓜"或"苹果"究竟怎么了？在语言交际中，词是最小的单位。你自然明白"西瓜"或"苹果"这两个词语的含义，然而，你却无法了解我说出"西瓜"或"苹果"试图表达什么。除了最基本的词语之外，我没有透露任何相关的有效信息。接着，作为听话者，只有静静等候我接下来的话，了解了其他有关信息，你才能做出恰当的反馈。

　　我们单单根据"西瓜"或"苹果"等词语是无法判断信息的真假的，然而，如果我们说"那个红苹果被吃了"等与"苹果"有关的事情时，它既是一个句子,又是一个命题,我们也可以判断其真假。正如语言将词汇作为基础,逻辑同样将命题作为基础。当我们在命题层面上考虑问题时,才需要思考真与假。而逻辑作为一门学问,就是应该将谬误从真相当中区分出来。有的命题简单易懂,我们轻轻松松就能判断它的真假与否。然而,有的命题在表达上晦涩难懂,我们就必须先将命题的含义分析清楚,然后进一步判断其真假。可见,在逻辑学里,我们也要追求表达上的清晰、准确和有效。

要实现表述上的条理分明,与他人实现有效沟通,我们就要遵循以下三条原则。

第一,要将客观事实与主观想法区分开来。"张家界在湖南"是一个根据现实得出的客观命题,它亦真亦假。然而,"张家界风景怡人"这一命题则将客观事实与主观看法糅合在了一起。这时,我们就很难判断这道主观命题的真假了。客观命题以事实为依据,我们很容易判断其真假,然而,主观命题的真假与否却容易引发争议。我们必须搜集证据并展开一系列条理分明的论证,才能让人们更容易接受某个主观命题。

第二,根据不同的对象选择恰当的语言与表述方式。比如说,你作为一位知名物理学家,在一场业内的学术会议上与你的同仁探讨量子力学,你大可以随意使用各种术语,彼此之间也能实现有效沟通。然而,如果你的受众只是一群不具备物理基础知识的普通人,那么,你在阐述相关问题的时候就需要使用更通俗易懂的表达方式。

第三,尽可能不要使用双重否定。双重否定句在有的语言中表示对否定意义的强化,而在有的语言中则表示否定含义相互抵消,最终是肯定含义。为了尽可能避免歧义的产生,我们在沟通时应该尽量不要使用双重否定句,而是清晰明确地表达自己的本意。因此,我们与其说"这道菜不是不好吃",不如说"这道菜挺好吃的"。

可见,在与他人沟通时,我们必须了解对方的背景,从而组织清晰有效的语言来明确表达自己的本意。

11

「 理性不是万能的 」

关键词提示：理性、本能、反常状态

2012年，麻省理工学院工学院的心理学教授谢恩·弗雷德里克在课堂上出了这样一道计算题：一个球拍和一个球一共1.1美元，球拍的价格比球贵1美元，那么，球拍和球分别是多少钱？

显然，这道题和小学生经常要演算的题目难度相当，并不需要经过复杂的计算推理过程才能得出答案。然而，面对这道计算题，虽然麻省理工的高才生有充足的时间去计算与思考，但结果却出人预料：竟然有62%的人答错了。他们给出的答案是球拍为1美元，球为0.1美元，即10美分；然而，正确的答案却是球拍为1.05美元，球为0.05美元，即5美分。

大多数人被问及这道题的时候，答案几乎会脱口而出：10美分。比起5美分这个正确答案，10美分乍听上去更像是正确答案。原因在于，1.1美元可以简单地一分为二，即1美元和0.1美元，粗略地算一下，二者之间似乎正好差了1美元。因此，10美分的答案更像是我们的大脑自然而然浮现出来的答案，是人们下意识给出的回答。然而，同样的答案，如果换一种问法，人们出错的概率就会大大降低。那就是，一个球拍和一个球总共是1.1美元，其中球拍是1.05美元，那么，球是多少钱。我相信，这次很少有人会算错。

所谓的"理性选择"根本无从解释这个实验所折射出的现象。我们必须另辟蹊径，才能给出更加合理的解释。1970年，来自普林斯顿大学的心理学家丹尼尔·卡尼曼早就提出了"两个系统"这一观点，也许能对我们

第一章 非逻辑思维：合情合理，却不合逻辑

有所启发。

卡尼曼认为，人类的大脑里有两套系统，其中之一是理性系统，能有意识地根据逻辑处理各种信息。它的工作效率比较低，必须要将全部精力集中起来，才能顺利运作，按部就班地处理各项任务。然而，这个理性系统之外，还存在着一个"本能"系统，它有时候会摆脱人脑的控制，自动地快速运作。也就是说，当我们看到1.1这个数字，大脑就本能地抓住最重要的细节，将其分为了1和0.1，以最快的速度给出了答案。可见，"本能"系统将"理性"完全排除在外了。

基于以上分析，包括卡尼曼在内的许多专家开始逐渐从经济学中将理性的幻觉抽离出来。从1970年到1980年，卡尼曼在这十年间与阿莫斯·特维斯教授展开合作，致力于研究思维的本能在各种相对简单的情况下是如何影响着信息的接收和使用情况的，在此基础上还进一步探讨了为何有的聪明人会逐渐与经济学家提出的理性观念偏离。经过一系列的研究与实验，他们慢慢发现，当一种情形的呈现方式或一个问题的"框定"方式有所不同时，人们的处理方式也会相应发生变化。比如说，当医生告诉他手下的癌症患者做手术的成功率为80%或失败率为20%的时候，不同的告知方式会促使病人做出完全不同的决定，相较之下，前一种表达方式让病人更愿意接受手术。

毫无疑问，病人的反应是非理性的，然而，这是人群中最常见的反应。事实上，这并不是因为病人犯了错或失去了理性，而是因为惯常的思维背离了理性。这种背离现象被经济学家称为"反常状态"，也就是说，它们似乎莫名其妙就备齐了理性观念。然而，如果我们进行更深入的思考，就会发现，我们思维的本能也许根本没有反常，这无非是来自另一种本能的影响。

12

「 你永远无法感知的逻辑思维 」

关键词提示：逻辑与语言、不可感知

正如美国联邦最高法院大法官路易斯·D.布兰代斯所说：事实逻辑是语言逻辑的基础。逻辑渗透在我们生活中的点点滴滴里，无时无刻不在为我们的生活服务。然而，大多数人却并不知道逻辑究竟为何物。于是，很多人被非逻辑思维深深地困惑着。

也许有人会说，逻辑思维是看不见、摸不着的，难以直接感知到。事实上，逻辑思维从诞生之日起就有一个鲜活的外在载体，那就是通过语言来传递背后蕴含的信息。

逻辑（logic）一词源于古希腊语，是一个舶来语。然而，逻辑并不是西方人独创的，在古代东方，人们也曾广泛研究并应用逻辑，比如说，古印度的"因明学"和中国先秦时期的"辩学""名学"等都将逻辑学的应用推向了一定的高度。可见，人类思维的一大共性就是逻辑。

然而，人类的各种思维活动发生在大脑内部，既看不见，又摸不着，一定要借助语言这一外在载体才能表现出来。可见，逻辑思维与语言之间有着千丝万缕的联系。当人们自如地运用各种概念或进行推理、判断等思维活动时，各种语词、语句等语言形式也必然参与其中。

事实上，语言的表达方式可以分为语词、语句和句群等几类，随着它们被形式化，思维上相应的逻辑形式也就产生了。换言之，人类的思维形式与语言形式之间存在着一一对应的关系。人们用词或词组来表达思维形式的各种概念；用句子来表达思维形式的各种判断；用复句或句群来表达思维形式的各种推理。可见，如果人类没有语词、语句等生动灵活的语言表达形式，也就无法展开推理或判断等逻辑思维活动。比如说，"我""爱""北京""天安门"涵盖了四个概念，通过四个语词来表达这些概念。再者，"我爱北京天安门"是一个借助语句来表达的概念，这个判断离开了语句就不复存在。

我们还可以通过一则小故事来了解逻辑思维与语言之间错综复杂的关系：

一天，在一场盛大的晚宴上，爱尔兰著名文学家萧伯纳独自坐在一个角落里，陷入了沉思。这时，一个来自美国的富商走上前去，与他攀谈起来："先生，我愿意支付10美元，打听一下您正在想些什么。"萧伯纳抬起头来，思索片刻，回答说："先生，我正在想的事情不值10美元。"富商的好奇心愈发被勾起来了，他追问道："先生，您到底在想什么？"萧伯纳微微一笑，说道："您啊！我正在想您！"

下面，我们不妨用逻辑语言来整理一下萧伯纳的思维过程：

我正在想的事情不值10美元；我想的事情就是那位富商；因此，那位富商不值10美元。就思维形式而言，上述思维过程是一个完整的推理，由三个语句构成。可见，如果没有这三个语句，这个推理也就不成立了。

第二章

逻辑思维

突破思维的瓶颈

1

「 思维有逻辑，论证才清晰 」

关键词提示：逻辑、思维、论证推理

那些古代先哲有着深刻的思想和过人的辩才，他们渊博的知识至今仍让不少人为之折服。然而，还有一些人对此不屑一顾。对此，他们认为，在古时候，知识量远远不能与现代社会相提并论。

我们恐怕也很难设立可靠的标准来判断孰是孰非。北京大学中文系的师生就逻辑语言与认知展开了一系列研究，最后得出的结论是，且不论你支持哪一方的观点，逻辑思维都是其中不可或缺的重要内容。在论证的过程中，如果一方能比另一方在逻辑思维上表现得更清晰、准确而严密，这一方所持有的观点就会成为主流。也就是说，在思想界的百家争鸣中，逻辑思维的水平高低已成为关键要素。

现代社会是一个知识大爆炸的时代，海量的知识与信息通过五花八门的渠道向人们涌来。然而，人们却没有比自己的先辈拥有更多的时间、精力或智慧来消化这些海量的信息。所以越来越多的人满足于快餐式阅读。受这种急于求成的浮躁心态的影响，人们渐渐忽略了逻辑思维的重要性，很多麻烦也随之而来。

人们的思维一旦缺乏逻辑，就很难清晰地思考并解决问题。有的观点在逻辑上就站不住脚，也许看上去没有问题，但本质上都是错误的。事实上，每个人思维的逻辑性是有高下之分的，有的人逻辑思维能力比较弱，因此，也常常让身边的人啼笑皆非。2014年，复旦大学哲学系的陈波教授就人们的逻辑思维能力展开了一项调查研究，并指出，那些逻辑思维能力

比较弱的人经常会出现如下几种表现。

第一，容易犯以偏概全的错误。一般来说，我们掌握了越充分的信息，就越能准确地对客观事物进行判断。然而，即使处于这个科技日新月异的时代，我们也只能接触到人类目前已经掌握的所有知识的一小部分，在知识浩瀚的海洋里不过是"沧海一粟"。于是，在很多时候，我们不得不根据所掌握的非常有效的知识或信息来认识并判断失误。因此，人们也就陷入以偏概全的思维误区。

有一年12月，四国赛在广西举行。解说员来自中央电视台体育频道。他坐在直播间里，只见原本应该绿茵茵的足球场上一片枯黄。把镜头拉近一些，只见球场上的草皮都被冻死了。解说员觉得很奇怪：广西地处亚热带地区，为何会发生这种情况呢？国内有一处足球训练基地设在云南昆明，往年冬天，他曾在那里待过一段时间。同样是亚热带，为何昆明就四季如春？于是，解说员由此推测，广西与云南纬度基本一致，冬天里草皮不可能被冻死。事实上，解说员就进入了以偏概全的思维误区。此前，他从未在广西过过冬天，而是根据与广西纬度近似的云南的情况来对广西冬天的气候条件进行推测。然而，广西与云南虽然毗邻，但两省的气候环境却有很大差异。

第二，对概念的掌握模糊不清。读书的时候，总是有数不清的公式、法则、定理等需要我们背下来。在逻辑学中，它们被统称为概念。试想一下，如果不能清晰地掌握最基本的概念，我们又如何正确地利用它们来解决更复杂的问题呢？可以说，"概念"是逻辑思维与形象思维的基石。我们只有先明确掌握了概念，在此基础上，才能展开条理清晰的逻辑推理，从而准确做出判断。

比如说，三个朋友聚在一起，开始谈论牛。A说，他曾在动物园里见过一只头上只有一根角的牛；B说，他曾见过一只体重不足5克的牛；C认为两个人的说法都与现实不符。怎料，A解释道："我在动物园里见到的是一头犀牛！"B也解释说："我见到的是一只蜗牛呀！"

就生物学层面而言，牛、犀牛、蜗牛属于三种不同的物种；就语言学层面而言，这三种动物有一个很明显的共同点，那就是名字里都有"牛"字。

在交流过程中，三人并没有明确"牛"的定义，逻辑上的冲突也由此引发。

第三，不符合逻辑的推理。小说《福尔摩斯》和漫画《名侦探柯南》拥有一大批忠实的粉丝，无论是福尔摩斯还是柯南，他们身上最引人注意的一项能力就是逻辑推理能力，他们也因此成为了许多人心目中智慧的化身。在很多人看来，在逻辑推理方面有超出常人的天赋就意味着拥有一颗聪明过人的大脑。然而，很多人在实际生活中却因为不符合逻辑的推理而闹下了不少笑话。成见效应又被人们生动地称为光环效应，是心理学中的一个专业术语。也就是说，当某个人被我们视为好人的时候，"好人"所特有的光环也会随之将他笼罩，人们总是会试图从好的方面来解读他的各种言行举止。与之相反地，"坏人"的光环也如阴云一般笼罩在那些被视为"坏人"的人身上，人们也会从各种不好的角度来解读他的各种言行。

2

「 符合"逻辑"，也未必是真理 」

关键词提示：真符合逻辑、假符合逻辑

真理应该以人们对客观事实或客观规律的正确认识为基础，是永恒的、不变的、唯一的、正确的道理。在哲学领域、科学研究领域或日常生活中，我们都应该将追求真理作为一项重要目标。

对于普通大众而言，那些与逻辑相符的东西更加趋近于真理。然而，这种看法已经犯了先入为主的经验主义错误。正如北京大学哲学系先刚教授所指出的，"真理一定与逻辑相符，而与逻辑相符的东西却不一定是真理"。这句话看似简单，实则深奥，你可不要以为这是哲学家在玩绕口令的游戏，它其实是一位学者的经验之谈。

毋庸置疑，真理必须符合逻辑，因此，我们可以通过某种逻辑来解读客观事实。然而，这种解读有时候是"真符合逻辑"，有时却是看似符合逻辑，即"假符合逻辑"。就狭义层面来说，思维的规律就是逻辑。客观规律自然不会出错，然而，人们对客观规律的认知却可能会出现偏差。也就是说，我们有时候会一厢情愿地认为某种事物是符合"逻辑"的，而并未真正探究清楚隐藏于客观事物之中的真正的逻辑。比如说，警察在办案过程中抓错了罪犯就是一种"假符合逻辑"的情况，直到他们继续追寻蛛丝马迹，察明真凶，才能称之为"真符合逻辑"。可见，我们必须结合实际情况来检验观点是否真的与逻辑相符。

那么，这种"假符合逻辑"的现象为何时有发生呢？这是因为每个人认识客观世界的水平有高下之分。虽然人们的逻辑思维水平有高有低，但是，每个人都持有一套带有浓重主观色彩的所谓"逻辑"并据此来认识这个世界。每个人的生活阅历与知识背景各不相同，源于此的"逻辑"与客观实际真正的"逻辑"不一定相符。

比如说，在大多数人看来，能者上、无能者下是真正公平的晋升机制，相对来说，也加快了人员的流动。相反地，那些僵化而刻板的晋升机制往往也是不公平的。大家据此推测，处于公平的晋升机制下，人们获得升迁的机会也更大。在北京大学管理学系的一堂课上，老师向学生们提问道："有两支军队，一支军衔的晋升速度快一些，另一支则慢一些。试想一下，哪支军队的士兵会认为军队的晋升机制更公正？"学生纷纷选择第一支军队，他们认为，军衔的晋升速度快往往说明士兵拥有更多机会施展自己的才华与抱负，因此，士兵的满意度也应该更高。然而，根据实际的调查结果，事实却正好相反。

在第二次世界大战期间，美国陆军社会研究部曾开展过一项调查，主要研究哪些因素会影响到军队士气。最终结果表明，那些军衔晋升速度较慢的军队里，士兵对自己所在的军队感到更满意，整个军队也因此士气高昂。而陆军航空兵部队里，那些飞行员频频升迁，对此，他们反而滋生了许多不满情绪，认为这套晋升机制有失公允。

通过后续调查，研究人员又发现，升迁速度快慢与否并不能决定士兵对公平度的认知，关键在于得到升迁机会的人是否合格。"二战"期间，在美国宪兵队里，很少有人能晋升。因此，士兵们不会时不时就发现一个个不如自己的人结果成了自己的顶头上司，他们也因此认为晋升机制是公允的。相反地，陆军航空兵部队里经常有人晋升，于是，飞行员经常发现那些各方面还比不上自己的人接连升级，久而久之，他们就认为这套晋升机制是不公平的。

可见，同学们在课堂上做出的判断表面上合乎"逻辑"，实际上却与现实不符。可见，很多时候，人们一厢情愿的认识只是"假符合逻辑"。在现实生活中，类似的"假符合逻辑"的现象每天都在发生。为了尽可能防止这种现象发生，我们要先学会放下先入为主的成见，用证据说话。

3

「 思维的壁垒：逻辑的局限性 」

关键词提示：逻辑思维、形象思维、局限性

大千世界纷繁复杂，人类也拥有许多种认识世界的思维方式，逻辑思维就是其中很高级的一种。而形象思维则是哲学领域里与逻辑思想相对应的另一种思维方式。以形象思维为基础，人类的各种经验、感受、情感、体会等带有感性色彩的认识被融合在一起。逻辑思维侧重于严谨、明确、抽象、规范，而形象思维却更具体而不确切。

那么，既然形象思维仍然处于感性认识的层面，当人们拥有逻辑思维这种更高级的思维方式后，为何不放弃它呢？归根结底，现实世界错综复杂，人类找不到一个万能公式来解决所有问题。作为一种高级的思维形式，逻辑思维仍有其自身的局限性。用更形象的语言来表述就是，逻辑思维与

形象思维就如同八卦图里面的一阴一阳，它们既对立又统一，相辅相成，最终达到和谐之境。

库尔特·哥德尔是美国著名逻辑学家，他在1931年发表的《论数学原理及有关系统的形式不可判定命题》这一论文中，正式提出了"哥德尔第一不完全性定理"并进行了系统论证。该定理的大致内容是，在所有包含数学的一致的形式系统中，存在着某种不可判定的命题。换言之，在这一系统中，无论是该命题本身，还是它的否定形式，都不能被证明。接着，哥德尔又在这个定理的基础上进一步推导出了第二不完全性定理。简言之，哥德尔第一定理证明了世界上有些问题是不能通过逻辑推理来证明或判断其真假的。于是，人们只能引入新的公理来对这些问题展开论证。然而，随着新公理的介入，如果这一形式系统还是能保持一致，并没有矛盾，那么，新的命题也随之产生，它依旧是不可被证明的。

长期以来，学术界都对逻辑思维抱以极大的热情与信任，而哥德尔定理最大的意义就在于它揭示了逻辑思维自身的局限性。现代逻辑学以"形式化"作为主流思想，然而，世界上任何系统都不可能达到100%的圆满。对逻辑思维来说，形式化规范就如同一把双刃剑，它一方面推动着逻辑思维的发展，另一方面又或多或少地桎梏了逻辑思维。然而，这并不说明逻辑思维在形式化这条道路上已经穷途末路。就认识现实世界的客观规律而言，处于某一发展阶段的逻辑思维仍取得了不俗的成绩。然而，处于这一阶段的逻辑思维仍面临着许多无法解决的难题。也就是说，任何严密的逻辑体系都不可能是完美的，因为哥德尔定理所揭示的内在矛盾是无法调和的。

那么，我们如何才能尽量克服逻辑思维的局限性呢？钱学森教授有着很强的逻辑思维能力，他曾提出一个发人深思的观点："人类的发明创造发端于形象思维，而完成于逻辑思维。"可见，正是非形式化、非逻辑的形象思维让人类迸发了创造发明的灵感。学者、科学家或发明家都有着丰富的想象力，从而孕育出创新的灵光。然而，创新活动仅仅依靠想象力或形象思维是无法完成的。在灵光一现之后，必须要进行严密的逻辑推导，才能让天才的创新转变为福泽后代的成果。

可见，当逻辑思维与形象思维有机地结合在一起，就成了创新思维。如果人们沉迷于形象思维，那么，一切灵感不过就是空中楼阁；同样地，如果人们只注重逻辑思维，那么，人们就会满足于已经取得的成果，而没有胆识突破前人早已定下的框架。

因此，将逻辑思维与其他各种思维形式，尤其是形象思维有机地结合起来，才是突破逻辑思维局限性的最佳途径。形象思维能激发人们的灵感，而逻辑思维则可以进行系统、规范的梳理，从而论证某个方案的可实施性。在人类的实践活动中，多种灵感相互交融，产生了多个创新方案。人们必须借助逻辑思维的准确性与形式化对各方案的可操作性与合理性进行论证，从而将不成熟的方案排除在外，将最优方案保留下来。

4

「 小逻辑，大作用 」

关键词提示：逻辑思维、现实生活

在有的人看来，逻辑思维只有在侦查案件或研究数理化等自然学科时才能发挥作用，而在进行艺术创作或研究人文学科时，并不需要逻辑思维。然而，这是人们的一个严重误区。事实上，逻辑思维这种思维方式在人们的日常生活中随时都可能派上大用场。一旦人们与逻辑思维完全脱离，就没办法准确地厘清事物之间的关系，甚至连正常的写作或交流都无法完成。

在思考的过程中，我们常常要借助一些抽象概念来认识事物，以此为基础，来进一步总结或判断事物的某些属性。接着，我们还可能通过逻辑推理来进一步论证这些结论。在人类的思维过程中，概念、判断、论证是环环相扣的三个方面，缺一不可。而我们训练并提升逻辑思维的最大意义就在于提升自己这三个方面的能力。

首先，我们要学会如何对各种概念加以正确运用。正所谓"话不投机半句多"，人们有着不同的知识背景与兴趣爱好，有时候沟通起来不太容易。有两方面的原因会导致人们话不投机：第一是双方观点相悖，矛盾由此产生；第二，不懂得恰当地运用概念，在表述上"牛头不对马嘴"，无法准确理解彼此的真正意思。我们可以这样来扭转这种局面：要认清概念表达所依赖的语言环境，明确而清晰地理解概念的含义，不可以偷换或混淆概念。

在实际的工作或生活中，那些逻辑思维能力较弱的人总是错误地使用概念。他们不能准确领会概念的内涵与外延，也因此不能恰如其分地表达自己的意思。相反地，如果在表述时能做到逻辑严密、概念清晰，那么，你的表达也更容易被人们理解与接受。

其次，学会准确做出判断。在很大程度上而言，能力的高低与否被视为衡量一个人是否聪明的标准。有些人思维的逻辑性比较强，对事物有准确的判断力，能根据实际情况进行面面俱到的分析。重视判断陈述是逻辑思维的一个重要特征。事物在性质、数量、内部结构等方面的特征都是逻辑思维致力于反映的对象。当一个人在逻辑思维方面的能力较弱时，最直观的表现是他在表达的时候无法恰当地运用逻辑学上的"判断陈述形式"，从而无法准确地反映人、事或物的各种情况。常见的错误有将肯定说成否定，或将否定说成肯定；将"局部"视为"整体"，或将"整体"视为"局部"等。

再者，学会展开有效的推理与论证。逻辑思维的一大功绩在于它为人类提供了一套行之有效的论证推理法。在已知前提的情况下，我们如果严格按照逻辑推理的规则，就肯定会推导出一个合理的结论。很多人的逻辑思维不够严密，在与他人交流或思考的时候就很容易陷入两大思维的误区。

第一大误区就是忽略证据，自顾自地臆测。在思考的时候，有的人忽略了逻辑推理的有关规则，仅仅根据有限的信息展开联想，硬生生地把毫不相干的事情放在了一起。这样一来，得到的结论要么与事实无关，要么与事实相悖。

第二大误区是没有经过严密的论证就急于下结论。有的人既没有掌握可靠的证据，也没有经过严密的论证过程，就草率地下结论。"我认为就是这样的"被他们时常挂在嘴边，这是逻辑思维上明显的漏洞。

在现实生活中，各种非理性行为随处可见。根源之一就在于，现实生活中有些人缺乏逻辑方面的素养，因此，在展开理性思维活动的过程中就处处碰壁。

5

「 逻辑学，生活中也适用的科学 」

关键词提示：逻辑学、语言表达、理性品格

作为一门科学，逻辑学将逻辑思维作为主要研究对象。目前，国内许多大学都开设了与逻辑学相关的课程，可见，逻辑学在当今时代受到了越来越多的关注。

在一次高峰论坛上一位哲学系教授曾谈道，比起直接学习逻辑学，也许学习数学才是帮助人们提升逻辑思维能力的最佳方式。照此说法，逻辑学岂不是毫无用武之地？在下结论之前我们不如先一起来看一个生活中的小片段。

一家电影院里，一部好莱坞大片刚刚上映。根据社会公德的约定俗成，在观看电影的时候，人们不能随意说话，否则会影响其他观影者。然而，影片剧情跌宕起伏，几个观众一边看电影，一边热烈地讨论起剧情来，声音越来越大，影响了周围的。

终于，坐在一旁的一名观众看不下去了，打断了他们的聊天，说道："请你们别聊天了，看电影的时候不应该说话，这会影响其他人的。"怎料，其中一个姑娘冷笑一声，回应道："你现在也在讲话，也影响到其他人了。你有什么资格说我们呢？"

按理来说，这位姑娘有错在先，但她的一番辩驳又让人觉得有些道理。原因在于那位观众确实也是通过说话的方式来劝说对方不要在观影时说话的。他的行为与他提倡的"看电影的时候不应该说话"的原则不符。

在课堂上，一位教授也举了这个例子。他对学生说，如果有人认同以上观点，那么，他也跌入了姑娘诡辩的圈套里。我们不妨来理一下其中的逻辑：

首先，在观影的时候大声说话，影响其他人观影，这种行为是有悖于社会公德且缺乏素质的。因此，后面那位观众对这种不文明的行为进行批评是正确的。"看电影时不应该说话"所表达的完整的意思是，"看电影的时候不应该通过说话这种方式影响或打扰到其他人"。也就是说，这位观众说话不是以影响别人看电影为目的的，而是"制止那些真正妨碍到其他人看电影的行为"。

其次，那位姑娘不仅没有接受批评，反而指责对方也说话并影响其他人观影了。其实这就是通过混淆概念的方式在诡辩，将平日里人们"与别人讲话"和观影时"通过说话的方式影响别人"混为一谈，于是，对方为了制止不文明行为而"说话"也被混淆成了不文明的"说话"。这种诡辩存在着明显的逻辑错误，是忽略了语境的不同而导致的。

作为一门古老的学问，逻辑学源远流长，距今已有两千余年历史，实际上，人们的思维方式、语言表达能力、推理能力、论证能力都与逻辑学有着密不可分的关系。稍微了解并学习一些逻辑学，对我们的日常生活也有很大帮助。

首先，逻辑学能帮助我们提高语言表达能力。逻辑思维在很大程度上影响着人们的语言表达能力。思维的逻辑形式千变万化，然而，人们必须通过恰当的语言形式才能将它们表达出来。语言是人与人之间沟通的桥梁，如果不具备正确的逻辑形式，语言表述就容易引发歧义，从而难以实现有效沟通。

其次，逻辑学能帮助我们完善理性品格。人类是典型的社会动物，兼具感性与理性。人的一大特征就是能理性地思考问题，然而，在日常生活中，很多人都任由主观情绪主导着自己的思维，很容易冲动。一旦情绪失控，就会招致一连串的麻烦。主观武断地看待问题，讨论问题时一味地宣泄情绪，罔顾事实而盲目地相信他人……这些都是理性品格不够完善的常见表现。理性品格以逻辑思维为基石，缺乏逻辑思维的人往往习惯于用情绪化思维简单粗暴地来处理各种问题。

逻辑最根本的目的就是反映真理或真相等事物最本质的属性。经过一系列条理分明的逻辑推理，能更准确地反映事物的客观规律，在人们认识水平的范围之内最大限度地探索客观事实。因此，适当学习逻辑学，能帮助人们通过严密的逻辑推理了解事实的真相，以公正、客观的目光来看待问题。在理性品格的敦促之下，整个社会会朝着更加和谐有序的方向发展。

6

「 逆向思维：反弹琵琶，突破常规 」

关键词提示：逆向思维、批判

逆向思维又被人们称为求异思维，人们对某些事物或观点早已司空见惯，甚至已成为定论，这时，我们不妨反过来思考。正所谓"反其道而行之"，从问题的对立面展开探索，问题也许会迎刃而解。

迈克尔·法拉第是19世纪英国著名的物理学家、化学家，他运用逆向思维的方法成功发现了电磁感应定律，并深刻地影响着后世的生活。

1820年，时任丹麦哥本哈根大学物理系教授的奥斯特经过一系列复杂的实验证明了电流磁效应的存在。这个发现迅速在欧洲大陆传开，越来越多的人加入电磁学的相关研究中来。对此，法拉第也兴趣盎然，他又多次重复了奥斯特的实验。最终，他发现一旦电流从导线通过，导线附近的磁针马上就会偏转。

当时，正值德国古典哲学所倡导的辩证思想传入英国，在这一思潮的影响下，法拉第认为，电与磁之间有着一种必然联系而且彼此可以转化。也就是说，如果电能产生磁场，那么，磁场也能产生电。自1821年起，他开始潜心展开用磁产生电的有关实验。他做了上万次实验，却无一成功。然而，法拉第并未因此放弃，他深信从逆向思考这一问题是正确的，并将这种思维方式贯彻了下去。

1831年，一款新的实验从法拉第手中诞生。他在一只空心圆筒上缠满导线，再将一根磁铁条放入其中。结果，电流随之产生了！导线两端连接着电流计，上面的指针微微偏转了！接着，他又设计了一系列实验，比如两个线圈之间展开相对运动，随着磁作用力的变化，电流随之产生。

在漫长的十年里，法拉第不懈地努力着。终于，他在1831年提出了举世闻名的电磁感应定律，在此基础上发明了世界上首台发电装置。时至今日，这条定律仍影响着人类生活的方方面面。

法拉第正是在逆向思维的启发下，才解决了这个让人们困惑多时的问题。逆向思维是逻辑思维的一种重要体现，它不同于常规思维，需要从事物的对立面思考问题，用大部分人想不到的办法去解决问题。在实际生活中，要懂得从相反的方向去思考并解决问题，也就是人们常说的"出奇制胜"。逆向思维也常常能给人们带来意外的惊喜。

相较于常规思维，逆向思维最突出的三大特点就是普遍性、批判性和新颖性。

首先，逆向思维具有普遍性。逆向思维在我们日常工作或生活的各领域都适用。因此，逆向思维的形式也是多种多样的。高或低、软或硬等是性质上的对立；前或后、左或右是位置上的对立等。我们可以从一个方面出发，联想到与之对立的另一方面，这种思维模式就可以称为逆向思维。

其次，逆向思维具有批判性。相对来说，正向思维指的是那种为人们所熟悉或习惯的常规做法或想法，而逆向思维则是对常识、传统等发起的挑战。运用逆向思维，能有效突破思维固有的框架，从另一个角度解决问题。

再者，逆向思维具有新颖性。大多数情况下，人们习惯于遵循传统思维模式循规蹈矩地解决问题，然而，刻板而僵化的思路只会让人们得出司空见惯的答案。在过往经验的束缚下，大多数人才常常只能看到他们所熟悉的一面，而忽视了不甚了解的另一面。在逆向思维的启发下，人们能尽可能避免犯类似的错误。

7

「 发散思维：事物都是多面体 」

关键词提示：思维定式、突破、发散

在哈佛大学心理学系的课堂上，老师在黑板上画了一个圆圆的大圈，提问这是什么。学生们给出的回答如出一辙，"这是一个圆圈"。然而，如果用同样的问题向幼儿园的小朋友提问，我们就会得到形形色色的答案，比如苹果、皮球、月亮、太阳等。诚然，大学生给出的答案更接近黑板上图形的实际情况，然而，幼儿园的小朋友们却有着更活跃的思维，也就是发散思维。

发散思维又被人们称为多向思维或扩散思维，指的是从思维上的某一点出发，根据不同的路径进行思考，寻求多元化的答案。在思维的过程中，我们要积极调动想象力，突破固有的思维模式，从一点出发，朝着各个方向扩散，沿着不同的路径或角度展开思考，实现知识的全方位重组，从而寻求更多答案或解决方法。日常生活中，我们常见的"一物多用"就是一种典型的发散思维。发散思维作为一种典型的逻辑思维方式，在我们的日常生活中经常大有用处。

有一天，纽约花旗银行的贷款部来了一位犹太人。他踱着沉稳的步子，来到柜台前，像贵族一般坐了下来。贷款部经理不敢有丝毫怠慢，赶快上前问候道："先生，有什么能为您效劳的？"

犹太人说："我要借钱。"

经理高兴地回答道："没问题，您要借多少？"

犹太人说："不多，1美元，可以吗？"

经理虽然觉得难以置信，仍礼貌地回答道："当然可以！虽然您只借1美元，但是还是需要为我们提供担保金，金额必须高于您的借款金额。"

犹太人连连点头，从手提包里拿出好几捆钞票，放在柜台上，说："这是100万美元，用来做担保金。够吗？"

经理越来越困惑："完全够了！但是，您真的只借1美元吗？哪怕您提出借80万或90万美元，我们也会为您提供这笔借款的。"

犹太人笑了笑，说："不必了。来这儿之前，我已经去五家银行询问过，我必须花很大一笔钱才能租下他们的保险箱。相比之下，您这里的租金实在太便宜啦，一年只要6美分！"

原来，这位犹太人并不是真的来贷款的。他随身带着一笔巨款来纽约办事，想让银行暂时代为保管。为了省钱并尽量避免麻烦，他想了不少办法：可以把钱存在银行里，但免不了要办银行卡，一系列麻烦的手续也随之而来；他还可以租用银行的保险箱，但是，租金又太贵。于是，他决定在花旗银行贷款1美元并用100万美元作为抵押。这个办法一来避免了存取钱的时候各种烦琐的手续，也不用花费巨额租金租用保险箱，同时还得到法律的许可与保护。

对大多数成年人而言，他们对生活中绝大多数事物早已习以为常，因此，也不愿意花费时间、精力去细细推敲，思维上的定式或"误势"也随之形成。在日常生活中，我们需要有意识地运用发散思维来思考并解决问题。一般来说，发散思维有以下四个突出特征。

第一，发散思维具有流畅性，与个人的智力有着密切关系。也就是说，人们要在很短的时间里尽可能多地萌生并表达出自己的思维观念，还要能很快地适应并消化新思想。

第二，发散思维具有变通性，人们要努力突破固有的思维框架，沿着新思路来探索事物。在跨域转化、触类旁通、横向类比等思维方式的影响下，发散思维就能朝着不同的方向扩散，展现其多元化的魅力。

第三，发散思维具有多感官性。在展开发散思维的过程中，除了需要人们积极地调动各种听觉或视觉器官外，还需要利用其他感官来接收并加工大量信息。与此同时，发散思维与主观情感之间也有着错综复杂的关系。也就是说，如果能赋予信息感情色彩，发散思维的效率也会随之大大提高。

第四，发散思维具有独特性。有些人具备较强的发散思维能力，他们的反应很新奇有趣，与人们常见的反应大相径庭。这也是发散思维所追求的最高目标。

那些生活中真正的强者总是能克服思维定式，另辟蹊径。比如说，伽利略正是突破了亚里士多德提出的传统理论，才最终让"两个铁球同时落地"的物理定论得以深入人心。作为普通人，我们也要努力突破原有的思维模式，以更积极、更开放的心态去探索更美好的世界。

「 超前思维：总比别人快一步 」

关键词提示：预测、现实、未来

从广义上说，超前思维是一种预测思维，也就是科学推测还未发生的事实。比如说，根据这星期的天气状况推测下星期的阴晴雨雪；根据今年的经济发展形势推测明年经济的发展趋势；根据当前的政治格局推测本世纪世界政治发展的大趋势等。可见，超前思维就是一种根据现实来推测未来的思维模式。合理地运用超前思维，能够提前告诉人们一些未知的事情，从而让人们尽早做准备。

这是一个竞争无处不在的时代，只有事事想在他人前面，做在他人前面，才有可能把握先机，谋求发展。古往今来的许多事例也告诉我们，大多数成功者并不是那些最勤奋肯干或学识最渊博的人，而是那些懂得巧妙运用超前思维的人。

寺田千代是日本一位知名女企业家，"阿托搬家中心"在她的领导下风生水起，堪称是巧妙运用超前思维的经典案例。

最初，寺田千代只是一个普通的个体运输户。20世纪70年代，一场世界性石油危机爆发了，运输行业山河日下，而"帮人搬家"则悄然兴起，成了一个炙手可热的新兴行业。但是，寺田千代却比她的竞争对手更有远见，她竭力摆脱传统搬家公司业务范围的桎梏，提出将"为用户提供以搬家为中心的综合性服务"作为最高目标，将所有与搬家相关的业务都努力联系在一起。

摆在寺田千代面前的第一个问题是，如何给搬家公司取一个好名字，让顾客在电话簿上很容易就能查到。日本的电话簿按照行业分类排列，同一行业的企业又按照它们名字的首字母排列。"阿"是日语里第一个字母，于是，她为企业取名为"阿托搬家中心"。于是，在同类企业中，"阿托搬家中心"就处于电话簿的第一个了。接着，她又为企业挑选了"0123"这个让人过目不忘的电话号码。

寺田千代颇具前瞻性眼光，她贴心地考虑到，搬家的时候，客户需要处理各种琐事，比如为新家进行设计、装潢和家居摆放，清扫院子，处理各种废弃物，迁移户籍，家里的孩子转学等。她在此基础上进一步扩展了"阿托搬家中心"的业务范围，上述事项统统可以为客户代为办理。

接着，她又更进一步想到，日本有一个传统习俗：搬家时或多或少会打扰到左邻右舍，为了表示歉意和谢意，人们总要为邻居准备一些小点心。

然而，搬家时，客户难免手忙脚乱而忘了这些琐事。于是，类似的事情也由她的公司承担下来。

"搬家"是"阿托搬家中心"最主要的业务，然而，寺田千代并没有止步于此，而是在此基础上又比她的同行们更快地向前迈进了几步，开拓了与搬家有关的其他各类服务项目，总计共达300多项。1977年6月，"阿托搬家中心"正式成立，短短五年时间内就在日本境内拥有了数十家分公司，还把生意做到了东南亚和美国。

超前思维就如同一双灵动的慧眼，能透过重重雾霭，预见不远处的生机勃勃。超前思维就是对事物的历史与现状进行全面的、多维的分析，从实际出发，认识并预估未来，把握未来发展的大趋势。

在人类探索并认识世界的过程中，超前思维发挥着重要作用，能让人们防患于未然，有效地改造现实世界。人类拥有如此之多光辉璀璨的科研成果，它们无不是人类将超前思维运用发挥到极致的结果。卢瑟福无视放射性原理的桎梏，探索并总结了原子分裂的过程，从而为后代打开了通往核世界的大门；贝尔德对电子技术满怀着好奇，痴迷于电视机的发明和创造，从而让人们的娱乐生活突破了时间与空间的局限。无论是牛顿的经典力学，还是爱因斯坦的相对论，乃至普朗克的量子理论，无不是一代代先哲利用超前思维所缔造的累累硕果。

9

「　U形思维：迂回前进，曲径通幽　」

关键词提示：U形思维、欲进则退

俗话说得好，"退一步海阔天空"。这句话表面上是主张人们退一步，而实际上却是以退为进，而这种思想正是以 U 形思维作为基础的，"迂回前进，曲径通幽"乃是它的本质。

很多魔方爱好者都知道，如果想把某一种颜色的魔方调整到自己设定的位置上去，那么，径直去放是无论如何都行不通的，往往还会欲速而不达；正确的做法是先把魔方调整到另一个合适的位置上，然后因势导利，慢慢调整。也就是说，只有懂得适度地退却，才能抓住机会，大步向前迈进。在这种表象之下，正是"欲进则退"的客观规律在发挥作用。

纵观古今中外的军事史，类似的例子比比皆是。第二次世界大战中，希特勒将 4 个德国师和 1 个意大利师和南斯拉夫的傀儡军队集中起来，组成联合特种部队，意图大举围攻处于铁托领导下的主要解放区，要将这支生机勃勃的民族解放力量扼杀在摇篮里。为了不让纳粹的阴谋得逞，铁托将 4 个师的军力集结起来，组成了一支强大的突击队，意图掩护 4000 多名伤员向东南方向发起突围，以便能顺利地向哥罗地区转移。这次战略转移规模巨大，其中最关键的一步就是必须顺利从涅列特瓦河上渡过。

很快，在涅列特瓦河的左岸，德军围堵住了铁托率领下的突击部队。突击部队心急如焚，为了尽快从河上渡过，先后多次试图冲破桥头，然而，德军每次都用密集的火力将铁托和他的军队击退。在这千钧一发之际，铁托下达了一道让众人跌破眼镜的命令："把桥炸了！"只听"轰隆"一声巨响，大桥的一段坍塌了。将大桥炸毁后，铁托下令，让突击队迅速撤退。对于敌军这一连串的行动，德军感到困惑不已。在"烟雾弹"的迷惑之下，德军想当然地认为，铁托的突击队的真实目的并不是要渡河，而是要尽可能阻止或拖延德军渡河。因此，敌军炸桥的行动也得到了合理解释。于是，德军连连大呼上当，赶紧掉转方向，奋起直追。

然而，事实上，德军这次才真的上当了。铁托率领着突击队，转了一个圈子，又迅速掉转方向，返回了桥头。而河对岸这时早已不见德军的一兵一卒。于是，突击队以最快的速度在桥头修建阵地、挖掘工事，将阻击工作准备周全。与此同时，他们利用原来的旧桥墩，迅速在大桥被炸断的地方搭建起了一座简易吊桥，毫不犹豫地将大炮、坦克、装甲车等重型武器推入河中，随身只携带最轻便的武器。于是，突击队战士有的抬着重伤员，有的搀扶着轻伤员，迅速从涅列特瓦河连夜渡过。另一边，德军奋起直追，误以为成功将突击队包围了，甚至还触动轰炸机疯狂地向山谷里持续轰炸。连续折腾了好几天，德军才恍然大悟，山谷深处早就空空如也。

可见，比起强攻，有时智取更见成效。对于指挥员来说，他们最重要的一项职责就是在军事谋略上取得创新。铁托是一位高明的指挥官，他运用"U形思维"在作战过程中展开创新，在"U形思维"的基础上巧妙施展"炸桥—搭桥—过桥—再炸桥"的连环计。从心理学的角度上说，铁托正是摸清了德军的心理，运用了"投其所好"的思维方式，根据"欲取先予"的原则，先满足了敌人在心理方面的需求，转移了敌人的注意力，从而实现了调虎离山之计。

10

「 收敛思维：一步步逼近真相 」

关键词提示：集中思维、搜集、信息

收敛思维又被称为集中思维，也就是说，每个问题只有与之对应的唯一正确答案，思考过程中的每个环节都指向这个答案。这样一来，各种已知信息就从不同方向指向同一个目标。可见，收敛思维是综合运用分析、比较、概括、论证、判断、综合等各种思维方式，从而得出最合适的答案。

面对同一个问题，人们的思路往往五花八门，而收敛思维就是实现各种思路的聚焦，从不同的来源、材料与层次中探寻那个正确答案。在日常生活中，我们经常面临各种选择，从中挑选出最行之有效的一个，就要有效运用收敛思维。简单地说，收敛思维就是综合考虑各种因素，从而分析并解决问题。警察在破案的过程中常常需要透过各种蛛丝马迹来探寻案件的真相，收敛思维在其中也必不可少。

收敛思维的运用过程大致可以分解为三步：

第一步是搜集并掌握各种有关信息。有关目标信息掌握得越详尽越好，这是运用收敛思维的前提条件。在掌握这些信息的基础上，才有可能得出正确结论。

第二步是分析并筛选搜集的所有信息，保留其中的重要信息，将其他无关或关系不大的信息舍弃掉。

第三步是以客观的态度寻求结论。通过分析、比较、抽象、归纳等思维方式处理重要信息，找到它们在本质上的共同特征，从而一步步靠近真相。

20世纪60年代，我国开发出了一大片油田，也就是大庆油田。那时候，大部分中国人根本不知道大庆油田的具体方位，相比之下，日本人对大庆油田更为了解。

具体来说，在实践过程中我们可以通过三种方式运用收敛思维，分别是目标识别法、间接注意法和层层剥笋法。其中目标识别法是最常用的，也就是搜寻目标，通过一系列细致观察，做出判断，寻找症结，围绕着目标进行思考与分析，确定的目标越具体，执行起来越有效。

日本人正是通过这种目标识别法来了解大庆油田的。当时，中国很多报纸上刊登了铁人王进喜的照片。日本人看到，照片上，王进喜穿着一件大棉袄，周围是皑皑白雪，通过照片上的细节可知，大庆油田应该处于东北三省比较靠北边的地方。不久后，他们又看到了一张油田工人搬运货物的照片，据此推测，油田与铁路应该很近。同时，《人民日报》的一则报道中还有这样一段话："王进喜来到马家窑，大声说：ّ这油海真大，这次我们要把中国石油落后这顶大帽子远远扔到太平洋里去！'"日本人根据这番话推测，大庆油田的中心应该就是马家窑。

那么，大庆油田又是从什么时候开始产油的呢？日本人对此也做出了准确判断,时间是1964年。这一年第三届全国人民代表大会召开,日本人在新闻报道上看到了王进喜的身影。如果当时大庆油田还不出产石油,王进喜也不太可能作为人大代表出席如此高规格的会议。

接着,日本人又根据《人民日报》刊登的一张照片上面的钻塔推算出了大庆油田油井的直径,还根据《人民日报》刊登出的国务院政府工作报告推算出了大庆油田的年均石油产量。日本人根据自己所掌握的信息很快就设计并研发出了适用于大庆油田开采石油的相关设备。不久后,中国政府在世界范围内为大庆油田征集设计方案,日本人毫无悬念地成为最后的赢家。

日本人从中国公布的各种官方资料上搜集信息,运用收敛思维来一步步了解大庆油田。他们正是沿着一条见微知著的思路,一点点将公开情报中有价值的那部分搜集起来。这种搜集信息的方法看似简单,却对信息分析人员有着极高的要求,需要他们从浩如烟海的信息中迅速而准确地判断出哪些信息是真的,哪些信息是假的,哪些信息是有价值的,哪些信息是无意义的。

11

「 组合思维:打造思维的"百宝箱" 」

关键词提示:要素、结合

人类是典型的群居动物,在现实生活或工作中,我们都不可避免地与其他人处于一种合作或竞争的关系。这时,一个问题也随之而来:究竟是选择合作还是竞争,能让双方的利益最大化呢?

在思考或解决这个问题的过程中,组合思维发挥着至关重要的作用。组合思维又可以称为"联接思维"或"会向思维",指的是各项事物看似毫不相干，但可以通过发挥想象力将它们联系起来，从而变为一个不可分割的整体。在组合思维的影响下，那些日常生活中为我们所熟悉的事物被重新排列组合，从而构成了一个全新的未知事物。这种思维方式简单却行之有效，总能创造出各种新事物。

在生活中，通过组合思维被联系在一起的事物屡见不鲜，比如说：将"牙膏"和"中草药"结合起来，就成了"药物牙膏"；将"牛奶"和"酵母"结合起来，就成了"酸奶"；将"自行车"和"电瓶"结合起来，就成了"电动自行车"，等等。

一般来说，面对不同的要素，我们可以通过以下四种方法开动脑筋，展开组合思维。

第一种是主体附加法，指的是以某个既定对象作为主体，通过置换和增添一些其他技术或附件，在此基础上进行发明或创新。

第二种是二元坐标法，指的是按照一定序列对平面直角坐标系两条数轴上的元素进行两两组合，选出其中的最佳组合或最有意义的组合，从而实现创新。

第三种是焦点法，就是预设某个事物为焦点，与所罗列的各要素依次结合，形成若干个联想点，以求在产品、技术、学说或其他方面寻求突破。

第四种是形态分析法，通过重新分列并组合与研究对象有关的各形态要素，从整体入手，多方面寻求解决问题的方案。

那么，在现实生活中，又该如何巧妙地运用组合思维呢？我们不妨先来看看下面这个小故事：

很久之前，有两个乞丐饥肠辘辘。一个好心人看他们可怜，就送给了他们一根钓鱼竿和一大篓子活鱼。两个乞丐一个要了那篓子活鱼，另一个要了那根钓鱼竿，二人分道扬镳。要了活鱼的人就地捡了些柴火，生起篝火，开始烤鱼。鱼肉鲜嫩肥美，他一顿狼吞虎咽，不一会儿，鱼就被吃光了。几天后，他饿死了，那只空空如也的篓子就在他身旁。而另一个人呢，他忍着饿，一步步朝着河边艰难地挪动着。然而，他身上的最后一丝力气都被耗尽了，再也不能动弹，只能眼巴巴看着不远处潺潺流动的河水，等待死亡的降临。

不久后，又来了两个饥饿的乞丐，好心人又送给了他们一根钓鱼竿和一篓子活鱼。然而，这两个人没有分开，而是一起向河边出发。路上，他们每过一段时间就烤一条鱼果腹。经过长途跋涉，最终，他们来到河边。两人每天靠着捕鱼为生。几年后，二人比邻而居，娶妻生子，还有了渔船，日子也越过越红火。

可见，很多事物看似没有直接关系，但将它们组合起来，却能迸发无穷的力量。当把各部分或各要素整合起来，在此基础上发挥主观能动性，才能将力量发挥到极致。

12

「 类比思维：创新源于比较 」

关键词提示：比较、相似点

所谓类比思维，就是对两个或两类事物进行比较，寻求它们在特点、关系或属性等方面的相似点，然后将其中一个对象的其他的相关性质移植到另一个对象上去。可见，类比思维是致力于通过比较来实现创新的。

用来进行类比的事物可以是同一类，也可以是不同类，它们甚至可以是没有直接关系的。那么，这时候，我们就要努力在两类事物的交界线上寻求突破，实现创新。在日常生活中，如果我们能恰当运用类比思维，往往也能收获出其不意的好效果。

日本有一家医药公司在一条铁路的沿线接连开了三家药店，它们沿着一条直线分部一段时间后，这三家药店的销售额都很惨淡，这让社长很焦虑。

一天傍晚，社长搭上电车，准备回家。路上，他看见几个小学生从校门口走出来，把食指套在上数学课用的三角尺那个洞里，一边走，一边转着尺子玩儿。

社长盯着三角尺看了好半天，突然眼前灵光一现，学生时代看过的有关战略战术的书的内容浮现在他眼前："当一些点沿着直线分布很容易被打败，因为外力轻松就能将其交通运输线路阻断。因此，至少要形成三足鼎立的态势，才能确保与盟友保持密切而协调的配合。"

社长回到家里，马上拿出地图，看到三家药店正是呈直线分布的，他不禁自言自语道："如果按照三角形来排列这三家药店，那么，中间部分的面积都在这三家药店的辐射范围内，这块面积里的居民肯定也会来店里买药了。"社长很快对药店的位置进行了调整，果不其然，销售额飞速上涨，生意越来越好。

具体来说，常见的运用类比思维的方法可以分为以下三种：

第一种是原理类比，指的是将适用于某件事物的原理运用于其他事物，最终产生某种新的结果。

第二种是形式类比，这种方法一般以事物的形象、结构或运动等各方面的特征为依据。

有一个小男孩得了重病，卧病在床，不能坐直喝水，只能用勺子喂。他的母亲看在眼里，疼在心里。她忍不住在心里琢磨，怎样才能让儿子躺在床上舒舒服服地喝水呢？

有一次，这位母亲正在洗衣服，她突然发现洗衣机那根导水管是蛇皮状的，于是，灵光一现，如果把喝水的吸管做成那样呢？于是，她把吸管中间那段改成蛇皮状的，这时，可以躺着喝水的弯曲的吸管就诞生了。

第三种是功能类比，也就是将某件事物独有的功能运用在其他事物上，从而实现创新。

众所周知，是发明家贝尔发明了电话，实现了人们的远距离交流。而发明电话的灵感就是将电话的膜片与人耳的鼓膜进行类比。早年，贝尔曾有过解剖人体的经验，他发现了一个令人惊讶的现象：鼓膜一般用来控制耳骨的灵敏度，相比之下，它比人的耳骨大了很多。贝尔在此基础上联想到，如果发明一种像鼓膜这么灵敏的薄膜，那么，哪怕面对比它大上几倍的骨状物，它也能轻松摇动。于是，电话应运而生。

13

「 抽象思维：透过现象看本质 」

关键词提示：抽象概念、分析、概括

抽象思维是人类认识世界的一把万能钥匙，著名物理学家牛顿正是用这把钥匙打开了人类未知世界的大门。

在很长一段时间里，牛顿都认为，世界上存在着某种无形的神秘力量，太阳系里的行星正是在这股力量的牵引之下，围绕着太阳不停旋转。然而，这究竟是一股怎样神秘的力量呢？

一个初秋的午后，牛顿端坐在自家小院那棵苹果树下，皱着眉头，苦苦思索着行星为什么会围绕着太阳运动。碰巧，一只红彤彤的苹果熟透了，落在了牛顿的身旁。比起以往无数次苹果落下，这次苹果的落下有着划时代的意义，因为它引起了物理学家牛顿的注意。牛顿脑中灵光一现：为什么苹果熟透后，不往天上飞，而是往地上落呢？无论在哪里，物体总是朝着地球的方向落下，这说明地球存在着某种吸引力。那么，这股神秘的力量对月球是否有用呢？

由此，牛顿联想到伽利略的学说。在苍茫浩瀚的宇宙之中，各种行星无休无止地运动着，这些包括地球、月球在内的庞然大物之间的力量是否处于一种相互作用的状态下呢？于是，牛顿一门心思地扎入了无休止的计

算与实验中，只为了论证"引力"的存在。

牛顿试图借助这一远离论证太阳系中各大行星的运动规律。首先，他推算出月球与地球之间的距离，但因他引用了错的数据，导致计算结果也错了。然而，牛顿并没有被挫折击败，他反而将更多的时间与精力投入到研究中。很快，七年时间过去了。当时，牛顿才刚刚30岁，却已经全面论证了"万有引力定律"这一对后世产生深远影响的定律，为理论天文学、天体力学的进一步发展奠定了基础。

牛顿将苹果与月球联系起来，透过这些一般人视为平常的现象，发掘了"引力的作用"这个隐藏在现象背后的真实原因。这种无形的力量来自地球，它牵引着苹果，让它向着地球的方向下落，而地球也正是利用这股力牵引着月球，让它日复一日地围绕着地球运动。

抽象思维是人类多种思维模式中相对高级的一种，无论是从具体到抽象的思维过程，还是从感性认识上升到理性认识，抽象思维都在人类的认识活动中扮演着不可或缺的重要角色。

所谓抽象思维，就是一种借助语言符号或抽象概念展开思维的方法，具体来说，可以通过综合、分析、抽象、概括等途径来揭示事物之间的关系。可以说，抽象思维能力是构成人类智商的重要部分，在人类活动，尤其是创新活动中发挥着重要作用。有的人具有较强的抽象思维能力，具体表现为能对事物的各要素、各特点乃至事物隐藏的内部属性进行分析与分解。

然而，能否精准地界定概念与概念之间的关系将直接决定抽象思维的准确性，也就是说，准确而清晰地形成概念及其之间的关系乃是运用抽象思维来探索世界的基础。

当我们学习或实际运用抽象思维时，尤其要注意下面五个方面：

（1）要学习、掌握并运用各种科学概念和理论。

（2）要学习并运用语言系统。

（3）要重视对科学符号的学习与运用。

（4）要将抽象思维与其他基本的思维方式巧妙结合，配合使用。

（5）当训练过程中，与理解记忆法、抽象记忆法等相结合，可以起到相辅相成的作用。

14

「 侧向思维：条条大路通罗马 」

关键词提示：联想推导、随机应变

即使我们所观察的是同一事物，如果观察的角度不同，那么，往往也会得出不同的结果或结论；哪怕是对同一事物的同一角度进行观察，如果观察者的思维方式不同，观察的结果或结论往往也不同。原因在于，那些思维灵活的人总能利用侧向思维来分析、探索世界，从而实现"条条大路通罗马"的目的。

侧向思维是让我们从多个角度"看"问题，从而找到解决问题的那把钥匙。在现实生活中，我们如果稍加留心就会发现，有的聪明人在与人交谈时总是"旁敲侧击"，在分析问题时总是"左思右想"，在解决问题时总是"另辟蹊径"，这种思维方式就是我们常说的侧向思维。善于利用侧向思维来思考并解决问题的人总是能从出其不意的角度来观察和分析，将多个领域的知识整合起来，从而使那些看上去难以解决的问题被完美攻克。

一般来说，有两种最常见的侧向思维方法。

第一种侧向思维方法是从侧向确定目标。侧向思维在直升机发明的过程中发挥着重要作用。直升机顶上的螺旋桨在旋转的时候会产生力量巨大的反扭矩，要如何克服这个难题呢？在一般人看来，最直接的办法就是再安装一个沿着反方向旋转的螺旋桨，然而，这个办法以失败告终。这时，一个名为西科斯基的美国人想出了一个好点子：为直升机安装一个尾桨，利用这个附加部件来消除反扭矩这种派生现象。后来的一系列实验证明,给飞机安装上尾桨后,飞机在重量、复杂度、功率折损等方面都降到了最低。

可见,利用侧向思维来解决问题就好像在玩猜谜游戏,问题从表面上看是在这里,然而,答题的那把"钥匙"却在毫不相干的另一处。

第二种侧向思维方法是从侧向进行推理。很久以前,有个书生来到一条河边,他想从河上渡过。于是,他大声冲着河畔的船夫吆喝着:"请问哪位会游泳?"

附近的船夫闻讯纷纷聚拢过来,毛遂自荐:"公子,我水性很好,坐我的船吧!"

然而,只有一位船夫纹丝不动地坐在那里。于是,书生走上前去,对他说:"你会游泳吗?"

船夫不好意思地笑笑,回答说:"抱歉,我完全不会游泳。"

书生一听乐了,忙说:"那我就坐你的船了!"

那么,这位书生为什么独独从一大群熟谙水性的船夫里挑选了唯一不会游泳的那个呢?这是因为,在他看来,如果船夫不会游泳,那么,他就会在划船的时候格外小心,因此,坐他的船也就更安全。书生的这一思维过程就是利用了侧向推理法。

15

「 追踪思维:"为什么"背后的答案 」

关键词提示:表象、线索、本质

如果时光回溯,我们每个人在小时候想必都和妈妈有过一段这样的对话:"妈妈,我是从哪里来的?"

"你是妈妈生的。"

"妈妈,你又是从哪里来的?"

"你的姥姥,妈妈的妈妈生了妈妈。"

"那姥姥又是从哪里来的呢?"

"妈妈的外婆生了妈妈的妈妈。"根据达尔文提出的进化论,最初,古类人猿进化成了人类,接着,每个人类妈妈又生出了她们的孩子。

小时候,类似这样的问题每天都在我们与妈妈之间上演着,然而,我们总是对妈妈给出的答案不甚满意,于是一而再、再而三地追问"为什么"。其实,每个孩子都有这种追问精神,这就是人类追踪思维的来源。

追踪思维又可以称为因果思维,也就是根据某一种思路穷追不舍,直到寻求出某个满意的答案。一般情况下,凡事都有着它的表象与本质、原因与结果,根据事物呈现的结果可以探寻其原因,根据事物的表象可以探寻其本质。有一些线索看似无足轻重,其实往往起着决定性作用,只要我们沿着这些线索步步深入,不断探究,就能实现从已知到未知的跨越。比如,1895年冬天,德国物理学家威廉·康拉德·伦琴发现了X射线,接着,法国科学家贝克勒尔立刻以此为基础,展开追踪,进一步提出X射线可能与磷光现象一同存在,随后发现了铀具有天然的放射性。接着,居里夫人又紧紧追随着"除了铀具有放射性之外,是否还有其他类似的放射性元素存在"这一思路,步步紧跟,最终成功发现了镭。

就如哲学家培根说的,"如果你以肯定作为开始,那么,就必然以问题作为终结;但如果你以问题作为开始,那么,就必然以肯定作为终结"。遇事的时候运用追踪思维,多问问自己"为什么",不仅能让思维更活跃,也能更好地寻求解决问题的办法。

在现实生活中,蒸汽锁和冰激凌是毫不相干的两件事物,然而,福特公司的员工却利用追踪思维让二者扯上了关系。

一年夏天,美国福特汽车公司的客服经理收到了一封投诉信。客户在信里这样写道:"我们家有一个保持了几十年的习惯,那就是用冰激凌作为我们家晚饭后的甜点。然而，最近我刚刚购入一辆福特车，在我去买冰激凌的路上发生了奇怪的状况。如果当天我买了香草口味的冰激凌，那么，我的车子就不能发动了，但是，如果我买了其他口味的冰激凌，那么，车子就可以正常发动。为什么会这样呢？"客服部经理也觉得大惑不解，马上派出一名工程师前去了解详细情况。

当工程师来到客户家中时，对方刚好吃完晚餐，准备去附近的店里买冰激凌。于是，工程师就与他一同乘车过去。结果，当客户买好香草味冰激凌，返回车上后，果不其然，车子又无法发动了。

接着，这位工程师接连三个晚上又来到客户家里。第一天，买了咖啡味冰激凌，车子顺利发动；第二天，买了蓝莓味冰激凌，车子顺利发动；第三天，买了香草味冰激凌，车子就发动不了了。

为什么会出现这种现象呢？工程师百思不得其解，无奈之下，只能着手为客户办理退车手续。然而，工程师不愿就此放弃，他开始重新分析各种资料，努力寻找答案。很快，他发现，那家店最受欢迎的就是香草味冰激凌，因此，老板为了节约顾客等候的时间，就专门在离门口最近的地方摆放了冰柜，用来陈列香草味冰激凌。这样一来，比起其他口味的冰激凌，顾客买香草味冰激凌时花的时间就更短一些。

于是，一个新的问题又浮上工程师心头：为什么熄火到重新激活的时间间距较短，车就无法正常发动呢？工程师明白，这并不是因为香草味冰激凌。很快，他就抓住了问题的症结，那就是"蒸汽锁"。要花较长时间买其他口味的冰激凌，于是，引擎有充足的时间完成散热，就能重新正常发动；然而，买香草味冰激凌的时间较短，引擎过热，这样一来，"蒸汽锁"散热的时间就不够，汽车因此无法正常发动。

可见，"蒸汽锁"与香草味冰激凌看似是风马牛不相及的两个事物，但是，却能严重影响汽车的性能。面对这道难题时，工程师把握住了两个事物之间的内在联系，根据微乎其微的线索找到了解决问题的关键，从而使福特汽车的性能得以完善。

我们应该培养自己凡事多问"为什么"的习惯，这样一来，当面对难题的时候，我们才能另辟蹊径，拨开重重"迷雾"，解决生活或工作中各种疑难杂症。一旦能巧妙地运用追踪思维，我们在追求成功的道路上无异于如虎添翼。

16

「 系统思维：从全局着眼 」

关键词提示：统筹全局、优化重组

我相信很多人在初中的时候都读过华罗庚那篇很有名的文章——《统筹方法》，文中所介绍的"统筹"就是通过将各个元素进行打乱、重组和优化而形成一种更优的办事模式。在实现统一筹划的过程中，我们必须学会运用系统思维。

人类最底层的思维方式可以分为四类，它们分别是水平思维、发散思维、收敛思维和系统思维。其中的系统思维就是根据对象的特点，以整体为基础，全盘考虑这个系统的整体与部分、各部分之间、系统与环境之间的各种关系，利用系统分析的方法达到系统目标最优化。利用系统思维，可以促进人们建立整体观念，从而使人们对事物的认知尽可能简化。

早在数百年前，古人就懂得利用系统思维来分析并解决问题。宋朝年间，皇宫里发生了一场火灾，许多房屋在烈火中被烧毁。之后，皇宫的修复工程被提上议程。当时，有三件事情最棘手，其一是"取土"，其二是"运输外地材料"，其三是"处理皇宫里被烧毁的残砖瓦砾"。

大臣丁谓被指派负责这项艰巨的工程。他当即下令，让人们直接从皇宫前那条宽阔的大街上挖土，就不用长途跋涉去取土了。不久后，那条大街就被挖出了一条深沟。接着，他又让汴河开堤放水，将河水引入那条刚挖出来的沟渠里。接着，来自外地的竹子都被人们编织成了小木筏，装载着来自各地的建筑材料，从这条皇宫门口的水路直接运入皇宫里。随着皇宫修复完成，工匠们又将废弃的瓦砾砖石都填入那条沟渠里，在上面重新修筑了一条开阔平坦的大路。经过丁谓的精心安排，工期大大缩短了，经费也省下了一大笔。

可见，丁谓正是巧妙地把握了修复皇宫这个工程之中各要素间相互促进的关系，使系统作为一个整体朝着更和谐的方向发展；同时，他又牢牢把握住了各要素间相互制约的关系，推动它们朝着相反的方向转变，最终达到了趋于理想的状态。这就是利用系统思维实现统筹规划的魅力。

那么，在现实生活和工作中，我们又该如何有效训练自己的系统思维呢？下面，我们来介绍以下三个方法。

第一，阅读一本书，建立阅读框架。根据所阅读的书籍进行中心思想总结的时候，人们往往分为两种模式：第一种是一边阅读，一边寻找其中的关键词；第二种是阅读完后再进行归纳总结。有些人的系统思维能力较弱，往往容易忽略大局，从而陷入阅读中的某些细节里。在阅读的时候可以给自己限定时间，比如利用一个小时来建立阅读框架，这样就能有效把握主次，在此过程中锻炼自己的归纳、总结能力，树立有效的全局观。

第二，先建立框架，再写作。"我有一个故事要说"是最传统的写作模式，但是，这种写作模式容易让人陷入以偏概全的思维误区，无益于提升人的思维能力。通过写作的方式来锻炼系统思维，首先，要明确主题，其次，根据主题建立系统框架，然后，一对框架进行分解。一般来说，写作时花费在主题、框架和内容上面的时间比例应该是1∶2∶2。

第三，有针对性地回答问题。寻找一些需要运用系统思维来作答的问题，写出答案之前先想好自己要说什么，依据又是什么。写下答案后，再从整体进行调整，可以沿用"what—why—how"的框架来作答。

在实际生活中，我们会面对各种各样的情况，如何安排好自己的时间来处理事情的各部分、各要素呢？这是一个逻辑性问题。经常有人私下里议论，"谁谁谁办事没有逻辑"，言下之意正是此人不懂得如何合理地安排做事的时间与顺序。如果我们懂得利用系统思维来思考和处理问题，那么，我们做事的效率也会随之提高。

17

「 假设思维：假设是论证的基石 」

关键词提示：大胆假设、小心求证

在实际生活中，我们常常面对各种错综复杂的难题，这时候，我们往往可以化繁为简，利用假设思维这种最常见、最基本的思维方法来解决问题。简单来说，假设思维就是先列出一个或多个假设，然后再逐一进行求证，从而解决某些问题的思维过程。

唐朝年间，唐太宗将文成公主嫁给了吐蕃王松赞干布，实现了"和番"，这段历史被后世传为佳话。据说，在唐太宗决定将文成公主嫁给松赞干布之前，先后有四位异域的少数民族使者远道而来，请求唐太宗将文成公主许配给他们的君主。这让唐太宗左右为难，为了遵循公平、公正的原则，他让各国使者参加比赛，如果谁能答对他出的题目，谁的君主就能娶到文成公主。这四位使者之一就是吐蕃王松赞干布派出的使者——禄东赞。

第一道题，太监拿出一颗孔中有九道弯的"九曲明珠"，让众人分别将一根细细的丝线从九道弯里穿过。众使者使出浑身解数，无论如何也无法将丝线从弯弯曲曲的孔里穿过。只见禄东赞不慌不忙地从外面的花园里捉来了一只蚂蚁，轻轻将那个细丝线拴在蚂蚁身上，将蚂蚁放在孔的这一端，又让人拿来一些蜂蜜，抹在孔的另一端。蚂蚁在蜜香的诱惑下，快速地从孔这头爬到了另一头，丝线也轻轻松松从孔内穿了过去。

第二道题，太监将100匹母马和100匹小马分别关在两间马厩里，让众人分辨每匹母马的孩子。使者将马厩中间的栅栏打开，将小马驱赶到母马当中去。他们本以为小马会去找妈妈，结果，小马自顾自地撒欢儿，而母马也埋头吃草，根本不看自己的孩子一眼。于是，使者没有办法，只能根据马儿身上的花纹瞎猜。答案自然也都错了。

很快，轮到禄东赞作答。他要求太监先将小马与母马分开并关在马厩里，不让小马喝水。很快，一整天就过去了。马厩之间的栅栏一被打开，小马又渴又饿，纷纷奔向自己的妈妈，喝起奶来。于是，禄东赞毫不费力地就给母马和小马配好了对。

于是，禄东赞利用他的聪明才智为松赞干布迎娶回了文成公主。当面对以上两道难以作答的难题时，禄东赞的聪明之处在于，他首先就假设这两道题是可以解答的。在解答第一道题时，他假设细细的丝线仿佛长了眼睛一般，可以从孔的这一边出发，顺利通过九道弯，绕到孔的另一边。接着，他开始开动脑筋：究竟有什么东西长着眼睛，还能从小孔里钻过去呢？又该如何引导它从小孔里钻出来呢？很快，他就想到了蚂蚁，并巧妙地利用蜂蜜来引诱它。

解答第二道题时，禄东赞又假设小马会自然而然地奔向自己的母亲，那么，用什么办法引诱它们奔向母亲呢？那就是小马喝奶的天性！禄东赞正是利用这种假设思维一步步展开推理，才最终找到了解决问题的办法。

一般来说，在实际工作或生活中运用假设思维可以分为两个步骤。

第一步是要针对需要解决的问题，尽可能地收集有关资料或有关的科学原理，并与自己大脑中已知的有关知识相结合，充分发挥创造性思维，针对需要解决的问题提出初步的假设。

第二步尽可能利用相关理论或现实经验展开更广泛的论证。这样一来，不仅可以使先前的假设更充实，也可以使假设中不完善的地方得到修正，让假设更加合情合理。

归纳思维：回归本质，从特殊到普遍

关键词提示：个别现象、普遍规律

我们可以根据"姐姐养的一只猫小花喜欢吃鱼；阿姨养的一只猫小白喜欢吃鱼；妈妈养的一只猫小黑喜欢吃鱼……"等条件得出"猫喜欢吃鱼"这一结论，这是典型的利用归纳思维从个别现象中归纳总结普遍规律的例子。

个别指的是单个的、特殊的事物，一般指的是与之相对的普遍性的事物。所谓归纳思维，指的是以认识事物的个别性为前提，在此基础上得出一般性结论的思维过程。人类认识并探索世界的一个重要途径就是从个别的、特殊的事物中得出一般性、普遍性的规律。

纵观逻辑学的发展历史，归纳派与演绎派曾上演过一场轰轰烈烈的论战。法国著名物理学家、哲学家、数学家笛卡儿是归纳派的代表人物，在他看来，演绎推理是以归纳推理为前提的，因此，在科学研究中，只有归纳推理才是唯一的正确途径。与笛卡儿针锋相对的正是演绎派的代表人物——英国著名思想家、哲学家、科学家培根，他认为演绎推理才是科学研究的唯一正途，原因在于归纳推理的结论不一定是真实的、客观的，以不一定真实的结论为基础进一步得出的结论也未必是真实的。然而，随着时间的推移，后世逻辑学家对归纳推理和演绎推理有了全新的认识，他们进一步指出，这两种推理方法是相辅相成的，二者缺一不可。只有正视二者的联系与区别，有机地将它们结合起来，才能在科学研究中发挥更大的作用。

可见，归纳推理是人类认识和了解世界不可或缺的一种思维方式，归纳推理在人类探索物理、化学、生物、数学等多个领域中都有着不俗的表现。在这种由个别到一般的思维方式的帮助下，人类总结出了一系列科学理论，极大地推动了科学研究的发展。

在实际运用中，归纳推理最经典的形式就是三段论，早在古希腊时期，哲学家亚里士多德就明确提出了三段论这种推理形式。三段论的英文名是"syllogism"，是将希腊文"syn（综合）"和"logizes（推理）"结合起来得到的，意思是"综合推理"。

利用三段论来进行逻辑推理，首先要列出陈述，也就是逻辑学中的"前提（premise）"，接着，再根据陈述引出结论。比如以下例子：

（1）大前提是"所有宝马汽车都是汽车"；

（2）小前提是"爸爸有一辆汽车"；

（3）结论是"因此，爸爸有一辆宝马汽车"。

上述例子中，大前提和小前提是两个陈述，以此为基础，最后得出结论，这就是典型的三段论推理。在上述这个三段论里，爸爸确实拥有一辆宝马汽车，因此，结论是真的。然而，上述论证是不合逻辑的，因为大前提中并没有陈述"所有汽车都是宝马汽车"。然而，如果大前提的确陈述了"所有汽车都是宝马汽车"，那么，它显然也是错误的，因为除了宝马之外，还有其他很多牌子的汽车。

19

「 求易思维：由繁入简，返璞归真 」

关键词提示：简单化、高效率

在日常生活中，我们常常要面对各种错综复杂的情况或现象，而有的人总有着化繁为简的能力，将那些纷繁复杂的事物简单化、抽象化，甚至高度概括为几句话、几个字。在这个过程中，人们运用的正是求易思维，从而将所面对的事情或情况简单化。

很多人乍一听，可能觉得求易思维是一种大而化之的惰性行为，然而，简单化在大部分情况下是一种行之有效的思维方式，能够帮助人们更高效地解决问题。人的大脑是何其精妙，甚至远远超过了计算机，任何错综复杂的信息都能储存在大脑中。然而，在实际生活中，我们的大脑往往只需要遵循其中几个最简单的指令就能顺利运转。我们需要加工、处理海量的复杂信息，从中高度概括出几个最行之有效的信息，才能真正实现简单化。

据说，在遥远的古罗马时期，有一位德高望重的预言家在罗马城内设下了一个很难解开的结，同时，他还预言道："未来的某一天，有人会解开这个结，而他终将成为整个亚细亚的领袖。"后来，数不清的英雄豪杰来到这个结面前，试图解开它。然而，很多年过去了，却从未有人将它解开。

当时，年轻的亚历山大正带领着马其顿大军南征北战，他也从别人嘴里听说了这则神奇的预言。于是，他千里迢迢赶到罗马，尝试着解开这个结。然而，他用尽浑身解数，还是打不开这个结。他转念一想，既然我解不开它，也不能把机会留给其他人。于是，他一把抽出腰上的佩剑，手起剑落，把那个结劈开了。于是，年轻的亚历山大轻松地打开了那个让众人困惑不已的结，他也从中悟出了一个道理："其实，用最简单的办法就能打开这个结。只不过，思维定式约束了之前那些人的思维。"

果不其然，亚历山大很快成了亚细亚的领袖。那个结也常常让他自省：无论面对任何难题，永远不要让思维定式约束住你活跃的思维。

可见，有时面对一些棘手的问题，使之简单化往往是最有效的办法。在我们的实际工作中，常常有一些所谓的规章制度约束着人们的一言一行，然而，这些苛刻古板的规定又有几条被人们遵循着呢？诚然，有令不行、规章制度执行力度不强等是导致这种现象的直接原因，然而，有的规章制度实在过于冗杂、烦琐，给实行和监督造成了很大困难，也是导致这一现象发生的重要因素。

有一家工厂经营无方，连年亏损，已经濒临倒闭。在这家工厂生死存亡的关键时刻，一位新的总经理上任了。很快，他发现，厂里的工人很散漫，上班时间该如何利用也毫无标准。然而，车间主任却告诉总经理，企业有一套很详细的规章制度来约束工人。说着，他还从档案室里翻出了厚厚一大摞管理条例。总经理定睛一看，足足有五大本！

　　总经理随手翻阅了一下，就说，这样冗杂的管理条例，谁读了又能记得住呢？于是，总经理大笔一挥，马上定下了两项最简单的管理条例，分别称为"四无"和"五不走"：前者是针对车间提出的，要求车间内无杂物、无垃圾、无闲聊、无随意乱放的半成品或成品；后者是针对工人提出的，要求在下班时没擦干净设备不走，没摆放整齐材料不走，没清点好工具不走，没做好记录不走，没打扫干净车间不走。这两项管理条例加在一起也只有九条，简单明了，便于记忆。在这之后，工厂的情况大有好转，这一切都得益于总经理从求易思维出发来解决管理方面的问题。

第三章

逻辑定律

逻辑的理性运转

同一律：事物只能是其本身

关键词提示：思维对象、概念、判断、同一

逻辑思维准确与否往往借助同一律来反映。人们要利用不同的逻辑来展开不同的思维过程，然而，在同一个思维过程中，逻辑在前后必须保持一致，思考者在此过程中也必须使用同一的"概念"与"判断"。

同一律的基本内容可以分三个层面进行阐述。

第一，保持思维对象的同一。在同一个思维过程中，思维所面向的对象必须保持一致；在探讨、回答某个问题或是反驳其他人时，双方所针对的对象也必须保持一致。

第二，保持概念的同一。在同一个思维过程中，所使用的概念必须是一致的；在探讨、回答某个问题或是反驳其他人时，双方所使用的概念也必须是一致的。

第三，保持判断的同一。在同一时间点由同一主体从同一方面对同一事物所做出的判断必须是同一的。

可见，同一律能尽可能保证思维的确定性，然而，这并不是对思维的发展或变化的否定。也就是说，同一律完全是针对思维过程而言的，至于客观事物则不必保持绝对的不变。

有的人缺乏逻辑思维能力，经常在思维的某个环节上违背同一律，这样一来，最后得出的结论也会有严重的逻辑漏洞。一般来说，违反同一律往往会导致以下四种逻辑错误。

第一，混淆概念。指的是在同一逻辑思维过程中，有的人因为缺乏逻辑修养而有悖于同一律，错将不同的概念作为同一个概念来使用，从而引起概念上的混乱。

第二，偷换概念。指的是在同一思维过程中，有的人为了达到某个目的而故意违反同一律，将不同的概念作为同一个概念来使用。一般来说，可以通过下面几种手段来达到偷换概念的目的。

（1）使用本概念的内涵或外延，使它变为另一个概念；

（2）故意混淆两个似是而非的概念；

（3）用集合概念代替非集合概念，或用非集合概念代替集合概念；

（4）利用多义词来偷换概念。

第三，转移论题。转移论题最具体的表现就是在说话时偏题或在写文章时跑题。在推理时，如果无意中违反了同一律，就会使推理与原来的论题跑偏。根据同一律，我们无论是说话还是写文章，都要尽量保持概念和命题的前后一致。比如说，开班会的议题原本是要讨论如何举办演讲大赛，结果全班同学后来却开始兴奋地讨论去哪里秋游，这样一来，班会根本无法取得预期效果。

第四，偷换论题。实际上，偷换论题与转移论题犯下的错误是一样的，区别是偷换论题是思考者故意将正在讨论的命题替换掉。这是现实生活中最常见的一种诡辩术。有的人有着较强的逻辑思维能力，他会巧妙地利用这种诡辩技巧来忽悠逻辑思维能力较弱的人。

在现实生活中，因为有悖于同一律而导致逻辑混乱的现象也屡见不鲜。我们不妨一起来看看下面这个案例。

有个小偷在偷窃的时候当场被捕，被移交给当地法院，接受审判。开庭时，小偷若无其事地站在被告席上，双手插在裤袋里，对法庭不屑一顾。于是，法官批评他说："被告人请不要藐视法庭，请将你的双手从口袋里掏出来。"

怎料，小偷怪声怪气地说："法官大人，您的这个要求实在是为难我。我把手放在自己兜里，您让我把手掏出来；我把手放在别人的兜里，您又要审判我。法官先生，请问我是不是要一直高高举着双手才行？"

在上述例子里，小偷的诡辩正是在偷换概念。如果我们只是从字面意思来理解，"放在自己兜里"和"放在别人的兜里"的两个"放"都只是单纯表示"放置"的意思。然而，如果我们从逻辑学上的同一律出发，前后两个"放"却表示了不同的概念。事实上，小偷说的第一个"放"单纯表示"放置"的意思，并不是偷窃行为，也无须为此承担法律责任；然而，小偷说的后一个"放"则是"为了偷窃而把手伸入其他人的兜里"，这种行为是触犯法律的。

小偷在诡辩时将"把手放在别人的兜里"和"把手伸入别人的兜里窃取东西"两个概念混为一谈，这套诡辩的把戏看似有理，实则有悖于同一律，毫无逻辑可言。

2

「 违反同一律，别样的幽默 」

关键词提示：偷换概念、混淆字义

在现实生活中，我们在同一思维过程中必须遵循同一律，也就是说，在此过程中运用的每一个概念或判断都有其明确的内容，内容是什么就是什么，含义不能变来变去的。

在思维过程中，人们必须保持概念或判断的统一性，也就是人们常说的"丁是丁，卯是卯"。如果在说话表达或写文章的时候出现同一概念前后不一致的逻辑错误，就是违反了同一律。在使用概念时，一旦违反同一律要求，就会发生"混淆概念"或"偷换概念"等逻辑错误。我们来看看下面这则发生在列车上的小故事。

一列火车向着站台徐徐开来。这时，一个健壮的年轻人抢先一步，冲上火车，在车厢里东瞧瞧，西望望，发现整节车厢坐得满满的，连一个空座位都找不到。于是，他厚着脸皮，朝着门口那个座位上一位老大爷身边硬挤过去。老大爷被他挤来挤去，觉得很不舒服，不悦道："小伙子，座位已经满了，别硬坐了。"听罢，年轻人反而嬉笑着说："老大爷，我买的就是'硬座'票啊！"

在这则故事里，年轻人故意把"硬坐"说成"硬座"，在逻辑上，这种行为被称为"偷换概念"。当然，在日常生活中，有的人也会故意偷换论题，很多时候不是为了达到某些特殊的目的，而是单纯为了逗个趣，也展现了说话者的幽默与智慧。

一幅画上，一个中年男子正聚精会神地举着枪，瞄准远处的靶心。一个小朋友看了这幅画，问他的爷爷："爷爷，为什么打枪的时候很多人一只眼睛是睁着的，另一只眼睛是闭着的呢？"于是，爷爷回答说："如果把两只眼睛都闭上了，就什么也看不见了，怎么能打中靶子呢？"

实际上，小朋友是在问爷爷为什么射击的时候不能同时睁开两只眼睛，而必须要闭上一只眼睛。而爷爷故意对这个问题避而不谈，只是说起了另一个人人皆知的问题，其中的逻辑就是偷换论题。然而，爷爷偷换论题只是为了跟孙子逗趣。

陈景润是我国著名的数学家。他念高中时，时任清华大学航空系主任的沈元教授以临时代课老师的身份来他们班里教授数学。一天，沈元老师在课堂上突然提起了哥德巴赫猜想这道数学界著名的难题。他对学生说："这道题很难，如果谁能解出来，那实在是了不得！"听罢，同学们纷纷起哄："这有什么难的，我们一定能解出来。"

第二天，数学课上课之前，好几个平日里勤奋用功的学生都兴冲冲地跑到沈元老师面前，把关于哥德巴赫猜想的解答过程交给他。他们说："老师，我们能证明哥德巴赫猜想了，甚至还能从不同方面去证明它。其实，这道题也没那么难！"

沈元老师瞥了一眼他们的证明过程，笑着说："你们算了！"

学生们连连点头，说："算了，我们算出来了。"

沈元老师"扑哧"一声笑出了声，说："你们算啦！好啦，我是说，你们还是算了吧。何必白费力气呢？哥德巴赫猜想如果这么容易就被解出来了，它又怎么会被称为世界上最令人费解的难题呢？我看啊，你们是想踩着自行车去月亮上旅行吧！"听着老师的调侃，教室里爆发出一阵笑声。

其实，这个小故事的幽默效果是因为字义混淆造成的。在故事里，沈元老师与他的学生们都说过"算了"两字，然而，却表达了截然不同的意思。学生所说的"算了"，指的是他们已经经过计算将这个猜想的答案证明出来了；而老师所说的"算了"，指的是让学生们"不必白白浪费力气"。于是，学生理解错了老师所说的"算了"的意思，从而导致字义上的混淆，这种幽默正是因为违反同一律造成的。

3

「 偷梁换柱，别忘了同一律 」

关键词提示：同一律、偷换概念、诡辩

在论证过程中，要让有关概念和判断保持确定性，就必须遵循同一律。作为一种逻辑规律，同一律并不包括判断事物与自身绝对相同或永久不变，它是要求在论证过程中使用的概念或判断必须保持同一性，不能任意变换。

下面这段有关进化论的争论就是因为违反了逻辑中的同一律而引发的。

达尔文耗费了20多年时间，前往世界各地深入考察，研究物种的起源与变化，最终，他的著作《物种起源》在1859年出版。之后，进化论的有关思想开始广为传播。教会提出"人是由上帝创造的"，这种说法也为当时的人们所普遍接受。而达尔文在《物种起源》中通过一系列确切翔实的证据论证，最终得出"人是从猿猴进化来的"这一结论。这个结论就如同一个石子被扔进了毫无波澜的湖面，在学术界和宗教界引起了巨大反响，很快就招致了教会猛烈的攻击。那些教会人士认为，达尔文是极端分子，他提出了一个荒诞不经的观点，亵渎了神灵。

1860年6月，英国教会召开了一场会议，决定在会上批判进化论学说。教会方面专程派出牛津大学大主教威尔伯福斯参加会议。不巧的是达尔文当时身患重病，于是他全权委托胡克和赫胥黎二人作为代表，参加会议。

首先，威尔伯福斯在会上发言，他指责达尔文的学说有悖于《圣经》的内容，违背了神意。他用食指指着赫胥黎，恶狠狠地说："大家看，这位赞同进化论的先生就坐在我身边，我估计他过一会儿就会把我撕成碎片。因为根据进化论的说法，人都是从猿猴变来的！不过，让我好奇的是，究竟你的哪一位祖先是从猿猴变来的呢？"

话音未落，那些反对进化论的人们爆发出一阵哄笑。这时，赫胥黎毫不怯场，勇敢地站起来回应道："达尔文是利用进化论来解释各种自然现象，在《物种起源》一书中，他使用了大量证据来证明各种生物的进化过程。在我看来，再没有其他学说比进化论做出的解释更合理，更有逻辑了。"接着，他又列举了大量事实来进一步阐述进化论，有力地辩驳了威尔伯福斯对进化论的侮辱和污蔑。最后，赫胥黎对威尔伯福斯做了掷地有声的还击，他说："我们的祖先都是无尾猿猴，任何人都无须为此感到羞耻。"

赫胥黎话音未落，牛津大学的大学生们的掌声就如暴风骤雨一般响起，席卷了整个报告厅。威尔伯福斯无从辩驳，只能低着头，溜走了。经过这场辩论，达尔文的相关学说终于在学界站稳了脚跟，越来越受到人们的重视。

那么，在这场精彩的辩论中，赫胥黎为什么能占上风呢？下面，我们来整理一下威尔伯福斯辩论的逻辑：

人是从猿猴变来的；

赫胥黎的祖先是人；

所以，赫胥黎的祖先是从猿猴变来的。

大主教在辩论中将集合与非集合的概念混为一谈，犯了偷换概念的逻辑错误。在"人是从猿猴变来的"或"人是从猿猴进化来的"这两个命题中，"人"是一个集合概念，指的是全人类。集合概念指的是反映由同类个体事物构成的一个不可分割的整体，也就是说，人类是从古猿猴进化而来的，指的并不是某一个具体的人是由猿猴进化来的。

而威尔伯福斯提出的"赫胥黎的先祖"中的"人"不是集合概念，而是非集合概念，这种概念是不以由同类个体事物构成的一个整体作为反映对象的。威尔伯福斯耍了小聪明，有意使用"人"的非集合意义，将某个具体的人，即赫胥黎的先祖与全人类混为一谈，最终得出的结论是他的某位祖先是由猿猴进化而来的，这有悖于同一律的要求。可见，这个荒诞不经的结论是有逻辑错误的。

4

「 排中律：明确的"是"与"非" 」

关键词提示：是非分明、非真即假

要确定逻辑的准确性，排中律也是不可或缺的一条逻辑规则。根据矛盾律，在同一时间里，我们无法肯定两个彼此矛盾的命题。比如说，"任何事物都处于绝对运动的状态下"与"个别事物并不处于绝对运动的状态下"这两个命题中，一个是真的，另一个是假的。一旦否定了这两个命题的正确性，就有悖于逻辑的排中律；而一旦肯定了这两个命题的正确性，则有悖于逻辑的矛盾律。

排中律指的是在同一思维过程中，如果两个观点彼此矛盾，那么，它们不可能同时为"假"，也就是说，二者必有其一为"真"。就逻辑学的角度来说，在同一时间内，任何事物可能具备或不具备某种属性，除了这两种情况之外，没有其他可能性。排中律的原理正是如此，对于任何一个命题来说，它只有"真"或"非真"这两种情况，此外，没有其他可能性。按照排中律的要求，当面对某个命题（A）及其否定命题（非A）的时候，我们不能笼统地认为二者都是不成立的。

在实际生活或工作中，当人们面临抉择时，就常常运用排中律来解决问题。遵循排中律的一个典型表现就是果断进行取舍。在第二次世界大战中，美军试图攻克一座城池，而德军坚决抵抗。美军的先头部队伤亡惨重，他们好不容易攻下德军的一处堡垒，却又被德军以迅雷不及掩耳之势夺回。在这命悬一线的危急关头，有两个选择摆在统军将领面前，是"停止进攻"，还是"继续进攻"呢？最终，美军将领认真判断战况，下定决心，将兵力重新集结起来，继续发动猛攻，最终打败了德军。

实际上，"停止进攻"与"继续进攻"这两个选项是相互矛盾的。作为统军将领，如果既不认同前者，也不赞同后者，处于模棱两不可的状态，很可能就会贻误战机，让部队蒙受惨重的伤亡。其实，这种拿不定选择哪一个选项的心态，就是同时在客观上对两个选项的否定。这种表现是有悖于排中律的。

在实际生活中，我们可从以下两方面入手，尽力避免这种"模棱两不可"的情况发生。

第一，要遵循排中律的要求来运用概念。在思考过程中，如果我们需要使用一对矛盾的概念来描述同一个思维对象，那么，我们必须承认其中之一是"真"的，而不能同时将两者都否认。比如说，我们不能既否认狮子是食肉动物，又否认狮子是食草动物。

第二，要遵循排中律的要求来做出判断。比如说，如果有人一方面认为"地球是运动的"这一观点是错误的，另一方面又认为"地球是静止的"这一观点也是错误的，这种判断就是"模棱两不可"的，这种典型的"骑墙居中"的行为犯有明显的逻辑错误。

对于人们的逻辑思维能力来说，排中律最大的意义就是能保证思维表述上的精确性与明确性。在思考的过程中如果违背了排中律的要求，就会陷入思维的误区，从而否定一切，就无法判断哪些是应该肯定的，哪些是应该否定的。

此外，还有一点需要引起注意：在客观世界里，任何事物都不是非黑即白、非此即彼的，在两种互相矛盾的选择之外，还存在着中间状态。此外，人类对客观世界的认识还有不足之处，对于某些事物完全有可能采取观望态度，具体到学术研究中，这恰恰是一种严谨的态度。当我们碰见此类情况时，不能草率地将其视为违背排中律的表现。

5

「 究竟是谁违反了排中律 」

关键词提示：互相矛盾、肯定、否定

作为逻辑规律之一，排中律要求人们在思维过程中必须保持逻辑上的明确性。在同一表述中，排中律要求一个概念要么反映事物的某种本质，要么不反映事物的某种本质，二者必须满足其一；一个判断要么反映事物的某种情况，要么不反映事物的某种情况，二者必须满足其一。同时，根据排中律的要求，必须对两种互相矛盾的思想做出排他的选择，不能都予以肯定或否定。

一般来说，排中律的逻辑公式表现为是 A，或者非 A。也就是说，在探讨问题或表达观点的过程中，必须持有一个鲜明的观点，要明确表示出赞成或反对的态度，不能含糊其词。如果立场不分明，总是含含糊糊，在逻辑上违背排中律，就会让别人认为你缺乏主见。

那么，在下面这个《兔子伤风》的故事里，究竟是谁违背了排中律呢？

狮子希望得到百兽的认可，成为名副其实的大王，于是，它指派猴子、熊、兔子做大臣，还承诺会庇护它们并给它们好吃的。几只动物只能战战兢兢地答应了。一开始，它们的确沾了狮子的光，着实风光了一把。不承想，好景不长，后来，狮王开始嫌弃它们，并谋划着吃掉它们。但是，它们都是狮王的臣子，想要吃掉它们，必须找一个合适的理由。狮王冥思苦想，好几天后，终于想出一个妙计。它召来几个大臣，对它们说："你们当大臣也有一段时间了，现在我来测试一下你们，看看你们当了官以后还敢不敢说真话。"话音刚落，狮王张开血盆大口，冲着熊咆哮道："老实说，我嘴里是什么气味？"熊性情耿直，它坦白道："大王，你嘴里的气味很臭啊！"狮王怒吼道："你竟然敢诽谤我，说我嘴臭！你犯下了叛逆罪，应该被处死！"说着，狮子向熊扑过去，一口咬住它的喉咙，狼吞虎咽地将它吃掉了。

几天后，狮子又召来猴子，问它："你说说看，我嘴里是什么气味啊？"前几天，猴子亲眼目睹了发生在熊身上的惨剧，哪里还有胆子说真话。它脸上堆起谄媚的笑，说："大王，您嘴里的气味好闻极了！太香了！"怎料，猴子话音未落，狮子冲它怒吼道："你这个家伙，只知道溜须拍马，简直是个祸害！我是不折不扣的食肉动物，我嘴里的气味肯定是臭的。你爱撒谎，我不会对你手软的。"说着，狮子将猴子扑倒，吃掉了它。

接着，狮子又问兔子："老弟啊，你说说，我嘴里的气味到底怎么样？"兔子冷静地说："大王，抱歉，我这几天重感冒，鼻子堵住了。不如先让我回家休息几天，等我身体好了，再来回答您的问题？"听了兔子的话，狮子也不好直接对它下手，只能悻悻地放它回家。兔子匆忙收拾好行囊，连夜逃走了。

在故事里，为什么只有兔子最终没被狮子吃掉呢？"狮子嘴里的气味是臭的"和"狮子嘴里的气味不是臭的"是两个互相矛盾的判断。根据排中律，两个判断之中，必须肯定一个，否定另一个。熊肯定了气味是"臭的"，被吃了，猴子肯定了气味"不是臭的"，也被吃了。鉴于之前发生的情况，机智的兔子并不从正面来回答"是"或者"否"，而是回答说自己感冒了，鼻子堵住了，等感冒好了再来告诉狮子答案，狮子的如意算盘也因此落空。根据排中律，对于这两个互相矛盾的判断，兔子既没有同时予以肯定，也没有同时予以否定，因此，兔子的回答其实并没有违反排中律，相反地，它的回答充满了睿智与机敏。其实，恰恰是那只蛮不讲理的狮子违反了排中律，它同时否定了"可以撒谎"和"不可以撒谎"这两个矛盾的判断，也就是说，说话诚实不行，说话不诚实也不行。面对残暴又不讲理的狮子，兔子巧用排中律，为自己谋得了一条生路。

6

「 排中律的守则：含含糊糊可不行 」

关键词提示：A 或非 A、必有一真

在传统逻辑学中，排中律是基本规律之一，可以表述为 A 是 B 或者 A 不是 B。传统逻辑学首先指出，排中律是事物的一种普遍规律，也就是说，在同一时间点，任一事物或者具有某种属性，或者不具有某种属性，再也没有其他可能性。同时，排中律也是思维活动应该遵循的逻辑规律之一，也就是说，一个命题或者是真的，或者不是真的，没有其他可能。排中律还是认识活动的规范性规律以及逻辑语义的规律，即在同一语境下，任一语词或语句表达某个意思或不表达某个意思。人们又将后两种规律称为排中律的要求。

在人类的思维活动中，排中律发挥着重要作用。《威尼斯商人》中就有一个关于鲍西亚匣子的小故事：

鲍西亚出生在贝尔蒙特城，是一位富家千金，她年轻貌美，德才兼备，受到众多达官贵人的追求。但是，她的父亲在临死前留下了遗嘱，要求女

儿必须要"猜匣为婚",否则她就得不到巨额财产。鲍西亚生性乖巧孝顺,她一点也不敢违背父亲留下的遗嘱。

富豪生前为鲍西亚准备了三只匣子:一只金匣子、一只银匣子、一只铜匣子,其中只有一只匣子里放着女儿鲍西亚的肖像画。每个匣子上面都篆刻着一句话:金匣子上面的那句话是"肖像画不在此匣子里",银匣子上面的那句话是"肖像画在金匣子里",铜匣子上面的那句话是"肖像画不在此匣子里"。根据富豪的提示,这三句话中只有一句是真话。

富豪留下遗言,如果求婚者根据上面四句话能猜中鲍西亚的肖像画所在的位置,那么,他就能迎娶鲍西亚。此外,在猜匣子之前,求婚者必须答应两个条件:第一,必须发誓,如果猜错了,不能向任何人透露他猜匣子的情况;第二,必须发誓,如果他猜错了,永远不能娶鲍西亚为妻。富豪之所以设定这两个条件,就是为了尽可能缩小求婚者的范围,只让那些真心想娶鲍西亚的小伙子参与竞争。

很多求婚者慕名而来,反复揣摩上面的四句话,最终却无功而返。最后,一个威尼斯小伙子来到这里,他只瞥了一眼鲍西亚,就被她的美貌所折服。他聪明又自信,坚信自己一定能猜对。他稍微思考了片刻,就走到鲍西亚面前,充满信心地对她说:"肖像画就在铜匣子里。"鲍西亚满脸惊讶地看着他,连连点头。小伙子把铜匣子打开,果不其然,肖像画就静静地躺在里面!

小伙子的聪慧让鲍西亚折服,她信守承诺,嫁给了他。婚后的一天,鲍西亚终于按捺不住内心的好奇,问道:"亲爱的,为什么你能猜到肖像画在铜匣子里?"

小伙子微微一笑,说:"我是按照排中律来进行逻辑推理的。金匣子和银匣子上面的话互相矛盾,其中肯定有一句话是真的;而旁边那张纸上留下的提示是'三句话中只有一句真话',这样一来,金匣子和银匣子中必然有一句真话。可见,铜匣子上面的话'肖像画不在此匣子里'肯定是假的,既然如此,那肖像画肯定就在此匣里!"

在猜测的过程中,这个小伙子正是灵活运用了逻辑中的排中律来揭开谜底的。他的推理过程是这样的：如果肖像画在金匣子里，那么，金匣子的话就是假的，银匣子和铜匣子的话都是真的，与纸条上的已知条件相矛盾。如果肖像画在银匣子里，那么，金匣子的话是真的，银匣子的话是假的，铜匣子的话是真的，和纸条上的已知条件相矛盾。如果肖像画在铜匣子里，那么，金匣子的话是真的，银匣子和铜匣子的话是假的，符合纸条上的已知条件"三句话中只有一句话是真的"。可见，肖像画就在铜匣子里。

金匣子和银匣子上的两句话互相矛盾，根据排中律，只有一句是真话；根据已知条件"三句话中只有一句是真的"可知铜匣子上的话"肖像画不在此匣里"是假的，根据排中律可以得出结论：与这句话相矛盾的"肖像画在此匣（铜匣子）里"是真的。

7

「 矛盾律：唯一的事实 」

关键词提示：自相矛盾、真、假

在《韩非子》里有一则这样的寓言：

集市里，一位来自楚国的生意人叫卖着长矛与盾牌。他一手高举着长矛，说："看啊，我的长矛无比锋利，普天之下没有它刺不穿的东西。"接着，他另一手又高举着盾牌，说："看啊，我的盾牌无比坚固，普天之下就没有能刺穿它的东西。"这时，一位路人停住了脚步，问道："如果用你手里的长矛来刺你手里的盾，结果会怎样？"这个问题让这位生意人一时语塞，不知如何作答。

如今，"矛盾"已成为一个哲学专业术语，而它最早的出处就是上面这则典故。千百年前，这位生意人如何也想不到，他这番"自相矛盾"的广告以最生动、形象的语言诠释了后来逻辑学的"矛盾律"。矛盾律是一条很重要的逻辑规律，也就是说，在同一思维过程中，两个相互矛盾的事物不能同时为真，也不能同时为假，用公式来表示矛盾律就是 A 不是非 A。比如说，"天空是蓝色的"和"天空不是蓝色的"是两个互相矛盾的判断，二者不可能同时为真。如果在同一议论中同时肯定这两个判断，就违反了矛盾律的要求。

在《自相矛盾》中，"矛"是用来进攻的武器，"盾"是用来防守的武器，双方的属性是互相矛盾的。如果生意人的矛足够锋利，能将任何东西都刺穿，那么，就应该也能将他的盾刺穿；同样地，如果他的盾足够坚固，不会被任何东西刺穿，那么，他的矛也就不可能刺穿他的盾。可见，二者处于一种互相否定的关系之中，也就是说，如果其中一方成立，那么，另一方就必然不成立。

我们再来看两个生活中真实的例子：

（1）晚上九点钟，市中心的购物中心整栋大楼灯火通明，只有一间屋子没有开灯，黑黢黢一片。

（2）学校每周四晚上召开会议，会上，大家纷纷响应党中央的号召，互相做了自我批评。

以上两个例子都有悖于矛盾律。第一个例子中，"灯火通明"和"灯没亮""整栋大楼"和"一间屋子"是互相矛盾的，试想一下，整栋大楼灯火通明的情况下，就不可能有任何一间屋子没有亮灯。第二个例子中，"自我批判"指的是检查并反省自己的言行举止和思想动态，因此，"互相自我批评"是一种自相矛盾的表述。

在我们日常的思维活动中，矛盾律被广泛运用于概念和判断这两个方面。

就概念来说，根据矛盾律，在同一思维过程中，我们不能将两个矛盾的属性纳入同一概念之下，换言之，同一概念不能包含彼此冲突的内容。日常语言表达中，人们常常把两个矛盾的概念放在一起，作为一种修饰手段，比如说某个人是"最熟悉的陌生人"。所谓陌生人，原本就是不熟悉的人，而熟悉的人则与"陌生"的含义不符。这种表述方式看似矛盾，却带给人一种冲击感，让人们期待着持有该观点的人要如何才能自圆其说。在逻辑思维中，这种对矛盾律的逆向运用是不严谨的。在说话或写文章时，如果要确切地表达某些内容，就不能采用这种含有矛盾因素的概念。

就判断而言，矛盾律主要是让人们尽可能避免判断的前后不一致。所谓的"同一思维过程"指的是时间、语境、关系乃至思维对象都要保持统一。基于前面三个条件，对于同一个思维对象，人们的判断是不能矛盾的，也就是说，不能承认互相矛盾的判断是同时成立的。不然，这个判断就会出现逻辑上的谬误。

8

「 自圆其说，矛盾律的法则 」

关键词提示：鳄鱼悖论、承诺

逻辑学家一般将矛盾律表述为 A 不是非 A，或 A 不能既是 B 又不是 B。根据矛盾律的要求，在同一思维过程中，对于同一思维对象不能同时做出两个互相矛盾的判断，也就是说，不能同时肯定并否定它。矛盾律在传统逻辑学中首先被作为事物的一种基本规律提出，指的是任何事物都不能同时既具有某个属性又不具有某个属性。接着，矛盾律又被作为一条规律在思维活动中发挥作用，指的是任何命题不能既是真的又不是真的。

古希腊哲学家提出的鳄鱼的悖论反映的正是矛盾律在思维活动中发挥的重要作用。

一天，一位母亲带着她的孩子在一条大河边洗衣服。这时，水中窜出来一条大鳄鱼，一把抢走了孩子。母亲苦苦哀求那条鳄鱼："求求你放了我的孩子吧，你可以提任何要求，我会尽力满足你的。"

这条鳄鱼的逻辑思维能力很强,它扬扬自得地说:"那好,你回答我一个问题,如果答对了,我就把孩子还给你;如果答错了,哼,我就把他吃了!"接着,鳄鱼提问道:"你猜猜,我会不会把你的孩子吃了?"这位母亲也很聪慧,她思索片刻,说:"我猜,你会吃掉我的孩子。"

鳄鱼冷笑着说:"猜对了,我肯定会吃掉你的孩子呀!可是,如果我把孩子还给你了,我就没吃掉你的孩子,你就猜错了,那么,我就可以吃掉你的孩子了。"说完,鳄鱼张开血盆大口,准备把孩子吃掉。母亲高呼一声:"慢着!你刚才还说过,如果我猜对了,你就不吃孩子了。如果现在你把我的孩子吃了,我就猜对了,你就必须把孩子还给我。"

听了这番话,鳄鱼一下子愣住了,心想:"她说得没错呀!如果我吃了这个孩子,她就猜对了。看来我不能吃他呀!那么,我该如何是好呢?"鳄鱼陷入了进退两难的境地:它想吃掉孩子,同时,它又不得不把孩子还给他的母亲。但是,鳄鱼又转念一想:"如果我把孩子还给她了,那她就答错了。所以,我还是应该把小孩吃掉。"于是,鳄鱼无论如何也不肯归还小孩。

但是,母亲也丝毫不肯让步,她说:"你必须要把孩子还给我。如果你把我的孩子吃了,我就猜对了,你就得把孩子还给我。"在这个故事里,鳄鱼自以为是,结果给自己找了一堆麻烦,陷入了一个逻辑悖论里。也就是说,不管鳄鱼怎么做,它都无法履行自己的承诺。

那么,究竟是什么造成了这个逻辑悖论呢?我们梳理一下鳄鱼许下的承诺:A.母亲答对了,不吃孩子;B.母亲猜错了,吃掉孩子。当母亲猜鳄鱼会把小孩吃掉后,有两个选择摆在鳄鱼面前,然而,这两个选择都有悖于鳄鱼之前许下的承诺。

鳄鱼的第一个选择是,吃掉小孩。这也就证明母亲猜对了,按照鳄鱼之前的承诺A,这时,鳄鱼必须把孩子归还给母亲。因此,如果鳄鱼吃掉了孩子,就违背了之前的承诺。鳄鱼的第二个选择是把孩子还给他的母亲。这也就证明母亲猜错了,按照鳄鱼之前的承诺B,这时,鳄鱼就应该吃掉孩子。但是,如果鳄鱼把孩子还给母亲,也就违背了自己的承诺。

充足理由律：任何事物的存在都有充足的理由

关键词提示：存在、成因、真实

相较于非逻辑思维，逻辑思维最鲜明的特征在于必须经过一系列严谨的论证才能被证明。一个至关重要的逻辑学定律就蕴藏于论证过程中，那就是充足理由律。

如果说形象思维的产物是不合逻辑、没有根据的，那么，逻辑思维的产物的存在则必须以充足的理由为基础。根据充足理由律的要求，必须要有充足的理由，才能认为某一种思想是真实存在的。虽然有的理由还不为人们所知，但是，它们是真实存在的。也就是说，如果某一个陈述或判断是"真"的，那么，就必须有充足的理由来阐述为什么这个判断或陈述是这样的而非那样的。

具体来说，逻辑上的充足理由律有两重内涵：

第一，万事万物有着各自存在的原因，而这种原因又决定了事物为何"真"的存在，为何与某种情况相符。比如说，为什么人类总喜欢追问"为什么"，为什么有好奇心呢？从逻辑学的角度来说，这是充足理由律内在的要求造成的。一旦某件事物缺乏充足的理由来解释它的存在，人们就无法准确而全面地认识它。

第二，相比之下，客观事物存在于这个世界上的各种感性形式或直观形式其实不太重要，隐藏着的成因才是最关键的部分。所谓的"成因"就是事物的存在或运动所遵循的客观规律。比如说，气象学家很关心阴晴雨雪等问题，是为了从中摸索出一套办法来预测天气；而农民很关心阴晴雨雪等问题，是因为天气状况与农作物的生长息息相关。两类人采用不同的方式来认识客观世界，归根结底，都是为了探寻隐藏其中的"成因"，即客观规律。

此外，充足理由律还有两个最突出的特征：第一，理由是客观的、真实的；第二，理由与逻辑推理之间存在着某种必然联系。可见，充足理由律对逻辑学的贡献就在于敦促人们在进行逻辑推理时必须要遵循"理由充足"的要求。客观世界所发生的任何现象都有其"成因"，也就是客观规律，客观事物之间的特定关系也由这种"充足理由"来反映。

一旦有悖于充足理由律，最常发生的逻辑错误有三种。

第一，没有理由。这种逻辑错误是在毫无依据的情况下就不讲道理地下结论。学术造假问题就是典型的例子，论坛上有人斥责某高校的一位博士有关磁场共振的理论涉嫌抄袭国外一篇论文的研究成果，然而，只说是抄袭，却不能给出严谨的技术对比，也不能提供任何依据来证明抄袭。这种行为毫无根据，显然是有悖于充足理由律的。

第二，理由是虚假的。这种逻辑错误虽然象征性地提出了一些理由，然而，这些理由是不客观、不真实的，也就是主观臆造的。也就是说，将虚假的理由作为依据，展开论证。比如说，提出"蝙蝠是鸟类"这一论断，理由是"凡是有翅膀的生物都是鸟类，而蝙蝠有翅膀"。我们来仔细研究一下这个论断，其中"蝙蝠有翅膀"是客观存在的，然而，"凡是有翅膀的生物都是鸟类"却是错误的，因此，"理由虚假"也直接导致了这一论断在逻辑上的错误，"蝙蝠是鸟类"这一结论也无法令人信服。

第三，论证错误。也就是说，虽然采用了真实的理由来论证，但是，理由与据此推断得到的结论之间没有必然联系，也就是说，根据理由根本无法推导出结论。比如说，根据"铜不是黄金"与"铜是闪闪发光的"得出"凡是闪闪发光的物体就不是黄金"这一错误结论。正如我们所知，"铜不是黄金"和"铜是闪闪发光的"都是真实的理由，但是，我们不能由此推导出"凡是闪闪发光的物体就不是黄金"这一结论，原因在于理由与结论之间不存在必然联系。

第四章

逻辑概念

思维大厦如何建成

1

「 概念，逻辑思维的细胞分子 」

关键词提示：思维单位、归纳

准确运用概念是逻辑思维严谨的一种重要表现。德国人素来以作风严谨著称，在他们看来，概念在本质上就是一系列思维单位。人类运用抽象化思维创造了这些思维单位并运用它们来反映从客观事物中总结得出的各种客观属性。

在日常的工作或学习中，我们常常借助五花八门的"概念"来整理各种信息，打个比方，如果说信息是一个个文件，那么"概念"就是文件夹，起到了整合归纳的作用。比如说，"逻辑"是一个文件夹，那么，我们就可以把逻辑学、逻辑思维、逻辑推理、逻辑悖论等有关内容都纳入其中。总而言之，一旦失去了"概念"的帮助，我们就很难清晰全面地认识和了解客观世界的万事万物。比如说，有的朋友头一次接触"鲶鱼效应"，他们很难清晰准确地说出这一效应的内容，想要灵活运用就更是难上加难。这是因为他们从未接触过这个概念，因此，也不能在这一概念的内涵的基础上展开合理的逻辑思考。总而言之，一旦脱离了概念，就无法得到命题与假设，也就无法形成逻辑。概念是逻辑思维的最小分子，合理掌握概念，才能提升逻辑思维能力。

在日常生活中，类似的交谈经常会发生："你说的什么？是××吗？"实际上，我们正是试图确认对方表达的究竟是哪个"概念"。我们通常会利用某个概念来定义或描述思维对象的特征。一般来说，这个概念涵盖了许多信息点。比如说，"逻辑思维"就是一个概念，人们一般认为这是一种理性认识的过程。这种"理性认识的过程"通过推理、概括、判断等思维形式组成，其特点是有理有据、逻辑清晰、前后一致，能让人们更清晰全面地了解客观事实。实际上，一旦跳过了逻辑思维的阶段，人们就难以捕捉客观事物的客观规律，也就无法更深入地了解和认识客观世界。

概念的内容包括两个层面，即内涵与外延。所谓内涵，就是某个概念的具体意义或概念所指代的对象所具有的属性。所谓外延，就是概念所指代的对象所涉及的范围。以"历史"这一概念为例，它的内涵指的是曾经发生过的各种事，它的外延则将中国历史、外国历史、经济史、文化史、军事史、科技史、艺术史、哲学史等都囊括其中。

实际上，每个专业领域都有一系列专属概念。虽然不是所有学科都像逻辑学那样条理分明、严丝合缝，但是，任何学科都离不开逻辑思维。哪怕是音乐、美术、绘画等感性思维比理性思维更显著的学科，也必须以特定的逻辑构筑理论为基础。如果缺少明确而基本的概念，那么，学生在学习过程中就无法准确地理解和把握理论的意思，也理不清该学科体系中蕴含的逻辑。

因此，必须重视概念，才能培养严谨的逻辑思维。具体来说，我们可以从以下两个方面入手。

第一，无论面对什么概念，必须明确其内涵与外延。事实上，对概念认识不清是人们最常犯的一种逻辑错误。如果对概念的内涵或外延理解有误，就容易将并不属于同一概念之下的事物混为一谈。比如说，虽然蝙蝠和鸟类一样，都有翅膀，都能飞翔，但蝙蝠是哺乳动物，它与生物学上所定义的"鸟"的概念是不符的。因此，我们不能把蝙蝠归为鸟类。

第二，在展开逻辑思维之前，要先准确把握基本概念。有些人的推理过程表面上头头是道，然而，最终结论却有悖于事实。无论是无心之过，还是有意扭曲事实，都犯下了错解概念的错误。在逻辑推理的过程中，诡辩者最擅长的就是悄悄变换概念的内涵和外延，这样一来，接下来的逻辑推理都是以一个错误的"已知前提"为基础。有的人逻辑思维能力较弱，他就如同在山里迷了路，一步步看似仍在走直线，但因为弄错了基本概念，早已偏离了原本正确的轨道。

总而言之，如果追根溯源，大部分的逻辑错误都能在"概念"上找到出错的原因。

2

「 偷换概念，诡辩者的把戏 」

关键词提示：概念、范畴、修饰语

在展开逻辑思维的过程中，我们常常要涉及各种概念。通常情况下，我们需要借助某个概念来描述逻辑推理的"已知前提"，比如说，警察说的"嫌疑人""凶器""案发地点""杀人动机""目击证人"等，既是展开案情推理的起点，也是对已知前提——线索的概括。一旦没有这些已知前提，就无法展开逻辑推理。可见，逻辑思维是以概念为基础堆砌而成的。

那么，什么是偷换概念呢？就是在逻辑思考的过程中将一些看似一样的概念偷换掉，事实上，概念的使用范畴或修饰语早已发生变化。在辩论时，诡辩者也常常利用偷换概念的方式来推翻对方的言论，从而取得胜利。

一般来说，法律条文的遣词造句是极为精准的，如果某种犯罪行为没有精准的定义，那么，执法者就难以根据法律描述做出判断。当犯人同时犯下放火、杀人、抢劫三种罪行时，检察院会以三个不同的罪名来起诉他，而法院也会通过数罪并罚的形式来宣判最终结果。可见，法律必须在概念上力求精准，这样一来，罪犯的辩护律师才不能通过偷换概念、混淆概念等方式为其开脱。审讯过程中，警察也会根据明确的法律概念来向犯人提问，这样一来，犯人也难以狡辩。

一天夜里，美国康斯地区的一个小镇里，警察在一次缉毒行动中抓捕了一个青年，名叫汤姆。警方得到的线报表明，在当地，汤姆臭名昭著，在贩毒集团里所处的地位也比较高。如果他能承认罪行，这个贩毒集团也有望被连根拔起。可是，当警察抓捕汤姆时，他并没有在进行毒品交易，警察只能以"私藏大麻"和"非法携带枪支"的罪名指控他。然而，这两种罪都比较轻，惩罚也不严厉。在审讯过程中，汤姆频频采用偷换概念的方式狡辩，于是，大卫警官在审讯时也不得不采用一些技巧。

　　大卫警官问："嫌疑人汤姆，今年8月3日，你所处的贩毒集团与一伙墨西哥毒贩进行了一桩海洛因交易，你当时也在现场。一名警察前来抓捕，你还将其打伤。有这回事吗？"

　　在美国，大麻和枪支泛滥。警察经常抓到携带枪支或大麻的罪犯，但他们大部分不是毒贩，而是瘾君子。大卫一开口就给嫌疑人汤姆定了性，即"毒贩"。事实上，大卫并没有掌握充足的证据，只是通过偷换概念来误导对方的逻辑，让他不经意间透露出与罪行有关的情况，从而达到审讯的目的。

　　但是，汤姆也很擅长偷换概念，立即看透了大卫警官的小心思。对此，他辩驳道："尊敬的警官先生，虽然我随身携带了一些大麻，但您也不能因此就断定我是毒贩吧？"

　　大卫接着问："这次你身上带了多少大麻？你是从哪里得到这些大麻的？打算用它们来干什么？"

　　汤姆满脸无辜，说："我是一名业余的音乐人，进行艺术创造，需要源源不断的灵感。每当我灵感枯竭的时候，一丁点的大麻就能重新点燃我的激情。"

　　但是，大卫并未落入汤姆避重就轻的圈套里，他追问道："那么，你是从哪里弄到这些大麻的？"这个问题直指贩毒集团的交易渠道。

　　显然，汤姆是不会轻易透露的，他继续说："抱歉，警官，我想不起来了。但是，我以上帝的名义起誓，我这是第一次去那个地方，第一次买大麻。那里的小路绕来绕去的，我已经想不起来是怎么走过去的了。警官，我是初犯,请您从轻发落!"

看,破绽出现了!所谓"初犯",言下之意,之前从来没做过类似的事情,但是,汤姆先前说起大麻的用途时,提到"每当"自己灵感枯竭的时候,就要吸食大麻来刺激自己。就逻辑层面而言,这两个概念是矛盾的。

大卫死死抓住这个破绽,追问道:"刚才你还说经常吸食大麻,获得灵感,现在却说是第一次买大麻,你觉得警察是这么容易糊弄的吗?别再狡辩了!8月3日,你所在的贩毒集团与墨西哥毒贩进行了一桩海洛因交易,那天,你还将一名缉毒警察打伤了。回答我,有没有这回事?"

汤姆继续狡辩,说:"警官先生,实在抱歉,我刚才说错了。这的确是我头一次买大麻,我没参加过任何毒贩活动,也没有打伤过警察。"

但是,大卫警官牢牢抓住这一点,反复提问。最终,汤姆情绪失控,透露了自己知道毒品的交易地点和暗号。于是,大卫警官又给他上了一节生动的法律常识课:在法律上,"主动认罪"与"被动认罪"是两个截然不同的概念。当时,汤姆年龄不足18周岁,在法律层面上,他还是未成年。于是,大卫警官表示,按照"主动认罪"的法律概念,如果汤姆能主动承认罪行并交代清楚有关毒贩的各种情况,法庭可以酌情对他从轻发落。于是,汤姆乖乖按照大卫警官的逻辑,选择了主动认罪。

3

「 明确概念,给事物贴上标签 」

关键词提示:内涵、外延

在逻辑思维的过程中,我们必须做到概念明确。如果概念不明确,人们往往会感到迷茫,无法顺利交流。所谓明确概念,就是要确定概念的内涵与外延。也就是说，只有概念的内涵和外延都明确了，这个概念才明确了。我们可以通过概括、定义、限制、划分等手段来明确概念。

比如说，在虚拟的网络世界里，我们常常使用微博、微信、QQ、脸书等便利的社交工具来交流与沟通，五花八门的网络用语也应运而生，随处可见。在现实生活中，很多年轻人也乐于使用这些网络用语并将其视为一种时尚。常见的网络用语有"屌丝""单身狗""拍砖""马甲""菜鸟"等，这些概念的含义已经不甚明确，甚至完全脱离了原本的定义。为了避免人们产生误解，上海市还曾经专门出台了一项规定，规定学校教育教学、国家机关文件、汉语文正式出版物中不能使用任何与现代汉语词汇、语法规范不符的网络用语。如果遇上不得不使用的情况，也必须标注出它确切的中文含义。

在实际生活中，如果有的人故意逾越概念的定义范围，就会破坏交流的通用性原则和理据性原则。在报纸上，曾经有这样一则新闻报道：

很多年前，美国佛罗里达州一个小镇将其所拥有的一栋二层楼房公开拍卖。最终，汤姆用 5 万美元的价格买下了这栋楼。3 年之后，开发商在该地段修建商品房，需要将这栋楼拆迁掉，按照相关政策，汤姆可以获得 13 万美元作为补偿。这让官员十分动心，他将汤姆告上了法庭，让其归还 13 万美元的"不当得利"，理由是"当年拍卖的并不是一整栋楼房，而是大楼一层的四间房屋"。当地法院展开了深入调查，最终，他们发现：第一，当年的确是以一整栋楼来拍卖并签订合同的。第二，按照当地买卖房屋的习惯，通常以第一层的房屋数作为买卖登记的房屋数。最终，法院以这些证据为依据，判决这名官员败诉，汤姆胜诉，而他得到的 13 万美元也是"正当得利"。

在法院的判决过程中，就对"当地房屋买卖习惯以第一层的房屋数作为买卖登记的房屋数"这一特定概念的特定语境进行了还原，从而揭穿了这名官员的一番诡辩。我们从这个故事中可以发现，要想展开有效而明确的交流，就要求双方所使用的概念具有确定的同一性。基于此，才不会因概念上的模糊不清而导致各种不必要的误会，也可以拆穿有意模糊概念的诡辩，实现真正意义上的正本清源。

"鸡同鸭讲话"：共用概念的缺失

关键词提示：沟通漏斗、共用概念

在现实生活中，沟通是一门鲜活的艺术。根据沟通漏斗理论，在交流中，对方只能准确理解我们所想要表达的内容的40%，只能准确反馈内容的20%。那么，在交流过程中，信息是如何不断流失的呢？哈佛大学认知研究中心的一项研究表明，问题主要是由以下三方面的原因造成的。

首先，人们的语言表达能力有高下之分，从而限制了信息的传递。有的语言表述意思含糊不清、条理不甚清晰，信息的接收方自然无法厘清信息发出方所表达的逻辑。如果不能正确理解对方的逻辑，即使接收到再多的信息，也毫无意义。

其次，听话方或说话方的逻辑思维能力有所欠缺。究其根源，语言表达上不清晰就是因为缺乏逻辑思维。客观世界的万事万物无时无刻不处于发展与变化之中，但都遵循着内在的某种逻辑。比如说，日月星辰按照天体运动的规律进行着自转与公转，这是一种行为逻辑。警察在破案的时候，经常会运用各种犯罪心理学的相关知识，从本质上说，这些知识都是根据罪犯的各种行为逻辑建立起来的。一旦无法准确理解信息，也就不可能有效地接收信息。

最后，交流的双方没有使用共用概念。有的人思维上很有逻辑，语言表述能力也很强，与之交流的对象也是如此。但是，这两个人无论如何也聊不到一块儿去。正所谓"话不投机半句多"。在将逻辑的严谨性摆在第一位的学术界，类似的现象也频频发生。比如说，在一次研讨会上，两位学者就一个历史方面的课题展开了探讨。两人都有着严密的逻辑思维能力，但其中一位的理论是建立在奴隶制社会、封建社会等概念的基础上的，另一位则反对用类似的概念来对中国历史下定义，最终，二人反复围绕着"概念"纠缠，沟通无法深入。

所谓"鸡同鸭讲话"，指的就是人与人之间无法有效沟通。无论是鸡还是鸭，都是用叫声来与其同类交流的。然而，鸡鸭的叫声不一样，它们之间自然也不能跨越物种进行沟通。在交流中，很多人或多或少有过"鸡同鸭讲话"的切身体会。在他们看来，自己明明已经把话说得明明白白了，但对方却一个字也听不明白。这种现象之所以发生，原因在于双方使用了不同的概念，因此，在逻辑上无法达成共识。

其实，"命名"也是一种"概念"。比如说，月亮被中国人称为"月亮"，被美国人称为"moon"。如果不了解这种命名上的差异，当美国人说起"moon"的时候，中国人可能会根据读音理解为是树木的"木"。双方自然也就不可能围绕着同一个事物展开更深入的交流。

早在战国时期，就有人提出了"犬可以为羊"这一著名命题。显然，犬和羊并不是同一种动物，那么，为什么有人说犬也可以成为羊呢？这与概念的创建有脱不开的关系。实际上，人们为了反映各种事物的特征就创造了一系列知识单元。换言之，是人为犬和羊这两种动物起了名字。在有的人看来，这种人为取的名字不能算事物本身的名字。比如说，人们只是碰巧用了"犬"来给"犬"命名，如果最初用"羊"给"犬"命名，那么，每当我们提到"羊"这个名字，就会由此想到现实中的犬。既然人可以确定事物的名字，即概念，那么，将犬称为"犬"或"羊"都是说得通的。"犬可以为羊"正是源于此。

如果人们都可以随意给事物起名字，那生活很可能会混乱不堪。这个人称"犬"为"羊"，那个人称"犬"为"犬"。

可见，交流必须以概念作为基础。一旦某个概念失去了约定俗成的共用定义，人与人之间就不能实现有效的沟通。

「 混淆概念，思维上的混战 」

关键词提示：概念、混为一谈

在逻辑思维中，混淆概念是经常发生的一种逻辑错误，指的是在同一逻辑思维过程中，有的人有意或无意地在某种意义上使用同一个概念，又或者将某些看似相同、实则不同的概念视为同一概念来使用。一旦混淆了某些概念或词语使用的语境或范围，就会导致概念上的混淆。

在逛超市的时候，我们经常会遇上"买一赠一"的促销活动，比如说，买一袋奶粉送一个玻璃杯；买一大瓶洗发水送一盒牙膏等。电信营业大厅也经常推出类似的活动，比如，如果预存一年的话费，就能免费获赠一台新手机。当然，这台新手机每个月都必须达到最低消费，如果你不能达到这个消费金额，也会按照这个金额扣除话费。这就是运营商的精明之处。此外，拍婚纱照也有类似的促销活动，比如送港澳三日游之类的。

然而，比起国内一家房地产公司推出的"买一赠一"促销活动，上述这些促销活动简直是小巫见大巫。那么，这家房地产公司究竟推出了怎样的活动呢？可不是常见的买房子送精装修活动，而是"买房子送老婆"的促销活动！据说，当天广告一经推出，售楼处的热线电话马上就被打爆了，有的心急的客户甚至于直接跑去了售楼处。诚然，当今社会，单身已经成为一种社会级现象。然而，这家房地产商的促销活动也太过劲爆了。

当天，当地记者也获悉了相关情况，立即将其视为一桩热点事件，马上前去售楼处，进行实地采访。在记者的再三追问下，售楼处的经理被逼急了，只能承认"买房子送老婆"的本意是"买房子送给老婆"。听到这里，记者才恍然大悟。广告词"买房子送老婆"其实就是有意混淆概念，让人误解，从而引起人们的注意。有些商家为了达到吹嘘商品质量、夸大服务效果等目的，在广告措辞方面常常有一些混淆概念的行为，对此，相关部门应该严格审查、及时制止。否则，这种不好的风气一旦形成，势必会造成一连串的麻烦。

事实上，早在古时候，为了达到某些目的，人们就经常使用"混淆概念"的小伎俩。有个来自周国的商人在郑国的都城新郑做买卖，他打算在当地出售大量"璞"。在郑国人看来，所谓"璞"，就是那些尚未经过雕琢的玉石。在市场上，周人大声叫卖，将自己手里的"璞"夸得天花乱坠。这时，一位郑国的富豪过来买"璞"，怎料，周人却从筐子里掏出了一块还没有腊干的肉。

郑国富豪怒火中烧，去官府告这位周人涉嫌商业诈骗。经过一番审问，官吏才得知，在周国，"璞"指的正是还没有腊干的肉。可见，周人只是不熟悉郑国的风俗，而非有意欺骗对方。如果郑国富豪没有仔细验货就草率地与周人签订了买卖合约，那么，这桩官司就很麻烦了。虽然合约上白纸黑字地写着"璞"，但买卖双方对"璞"的理解是不一致的。如果此事在郑国发生，那么，理应按照郑国的风俗来做买卖，就可以认为周人没有履行合约规定的相关义务。

但是，如果这桩买卖是在周国境内进行的，那么，郑国富豪就要吃亏了。按照当地的风俗，周人完全是按照合约的规定办事的，而郑国人则在对当地风俗不清楚的情况下就草率地签订了合约。

这场纠纷是因为对概念有着不同的定义而引起的，客观上说，是因为概念的混淆。如果周人事先就知道"璞"这个概念在郑国和周国有着不同的定义，他就可以通过混淆概念而诱骗郑国富豪在合约上签字。

6

「 没有清晰概念，就没有逻辑思维 」

关键词提示：概念、沟通、逻辑

我们经常借助字典、词典等工具来整理各种各样的"概念"。每个字的意思、每个名词的来源、每个术语的创建过程，无不是在诠释着相关"概念"。当然，"每说一句话都要翻字典或词典"的情况太过极端，但在日常交流中，我们都要借助各种"概念"来传递信息，也就是说，如果没有明确的概念，就无法有效沟通。

那么，如何来衡量某个人在思维或语言方面的逻辑性是强还是弱呢？其实，"逻辑"就是用来衡量的准绳。

对于普通人来说，只要了解事物大致的概念，就可以顺利沟通。比如，他们并不需要知道就生物学层面而言，蜘蛛并不是昆虫，而笼统地将其归为"虫子"这一类。然而，对生物学家来说，这种表现就很不严谨。在学术领域，概念的混淆是致命的逻辑错误，这会让整个理论大厦的逻辑合理性在瞬间坍塌。

比如说，如果在课堂上探讨哪一种昆虫最擅长捕猎，那么，蜘蛛就不可以被列入备选答案，因为它根本不属于昆虫。虽然人们常常将蜘蛛视为一种"虫子"，但是，谈论的话题被限定在了"昆虫"这一概念的范畴内，就不能将任何非昆虫的物种混淆其中，否则就有悖于由"昆虫"这一概念衍生而出的相关逻辑。

严谨性是逻辑思维最突出的特征，也就是说，必须用准确的概念来对已知前提进行描述，从而一步步推导出合理的结论。也就是说，清晰的概念与思维的逻辑有着密不可分的关系。

中国有句老话，"丁是丁，卯是卯"，指的是有的人做事一板一眼，很是认真。乍一听，有的人会觉得这是一句废话。无论是读音上，还是字形上，"丁""卯"二字都相去甚远，人们怎么会将两个字混淆呢？然而，这简简单单的一句话里却蕴含着深奥的中国传统文化。

在"丁是丁，卯是卯"这句话里，"丁"是"甲乙丙丁"中的"丁"，也就是十天干之一；而"卯"是"子丑寅卯"中的"卯"，也就是十二地支之一。实际上，"丁"和"卯"分别属于截然不同的概念集合里，它们唯一的共同点就是，在各自的系统中都排在第四位。因此，有的人马马虎虎的，把"丁"和"卯"都等同于"四"。而有的人一丝不苟，追求"丁是丁，卯是卯"的严谨境界，就会把类似的概念完全区分开。

事实也的确如此，天干、地支、序数是完全独立的三个系统。谈及天干，我们就要用"丁"，而不能用地支的"卯"或序数的"四"。三者的共同特征是在各自的系统里排在第四位，但是，这很显然并不是它们的核心特征。而概念最核心的功能就是对事物的核心特征进行描述。一旦混淆了概念，逻辑推理就会出现错误，而语言表述也会出现混乱。

在古代，根据干支纪年法，有"丁卯年"的说法；根据干支纪日法，则有"丁卯日"的说法。显然，前后两种说法都是由天干的"丁"和地支的"卯"两个部分一同构成的。如果混淆了"丁"和"卯"这两个概念，就可能记错成"丁丁年"或"卯卯日"，这就违背了天干地支纪年法所遵循的内在逻辑。

对于理论来说，确保概念的清晰是逻辑的起点，如果在起点上差之毫厘，哪怕经过再严谨的逻辑推理，最后得出来的结论都是谬之千里的。可见，要想让思维有逻辑，就必须从明确概念做起。

7

「 词语的歧义，逻辑的乱象 」

关键词提示：歧义、误解

歧义，指的是同一个词或同一个句子有两种或多种意思，或者说，可以对同一个词或同一句话的语义进行多种阐述。比如说"我有一个红花布袋"这句话，就可以从以下四个层面来理解：

（1）我有一个装着藏红花这种药材的布袋；

（2）我有一个印着红花图案的布袋；

（3）我有一个红色的花布布袋；

（4）我有一个装着红色花朵的布袋。

大多数情况下，一句话只能明确表达一种意思，这样一来，听话方才能准确地捕捉到说话方试图传递的信息。然而，在实际的语用交际中，词语歧义的现象可以说是屡见不鲜。很多时候，有的人还会有意说出一些模棱两可的话，让人误解。有一个故事很经典：

在一个偏远的小山村里，一个媒婆能说会道，给村里的一男一女说媒。媒婆分别给当事人介绍对方的情况，她对男孩说："女孩子的条件很优越，样样都出众，唯一一点不足就是嘴有点儿不严。"听了媒婆的话，男孩并没有往心里去，他想当然地认为媒婆说的"嘴有点儿不严"指的是喜欢说些家长里短的闲话。他心想，女孩子喜欢说点闲话也是正常现象，于是让媒婆安排见面。媒婆马上跑到女方家，对女孩说："这个男孩绝对优秀，没得挑，是过日子的一把好手。"女孩听了很高兴，心想总算遇到了会过日子的好男人了，也同意见面。在媒婆的一番安排下，男女双方很快就见面了。

但是，媒婆故意不让他们近距离接触，而是让他们从远处互相看了几眼就作罢。女孩只见男孩把一只手放在背后，浓眉大眼，仪表堂堂，心里很是欢喜。而男孩只见那女孩儿羞羞答答的，用一块手帕捂着嘴，眉眼间清秀可人，让人怜爱。

两人对对方都很认可，都向媒婆表示愿意结婚。结婚当日，男孩却发现，那日娇滴滴地用帕子捂着嘴的女孩竟然长着一张豁嘴，而女孩也发现男孩虽然英俊，但有一只手却是残疾的。二人很生气，跑去找媒婆理论。媒婆却丝毫也不让步，说道："这事你们可不能怨我，我早就跟你们说得清清楚楚了，男孩是'一把好手'，女孩是'嘴有点儿不严'。更何况，你们之前还见过面，亲眼见过对方，才答应结婚的。如今怎么又跑来找我麻烦呢？"

实际上，故事里的媒婆也并没有瞎说，但是，她当初介绍相亲双方的特征时，狡猾地利用了语言的模糊性这一特点。一个词语有时候具有多重含义，将不同语境下概念的不同含义掺杂在一起，听话者就会误会，她也由此达到了自己的目的。在同一思维过程中，一个词语却表达了不同的含义。然而，当时相亲的双方也没有仔细体会其中的深意，因此，面对媒婆的辩解，他们也只能作罢。

8

「 "天地一指"不成立：逻辑并不是逻辑学 」

关键词提示：逻辑、逻辑学

庄子是中国古代著名的思想家、哲学家，他曾提出过很多发人深思的哲学命题。他在《庄子·齐物论》中这样写道："天地一指也，万物一马也。"言下之意，虽然世间的万事万物有着各种各样具体的差异，但是，一理通则百理通。也就是说,一旦弄懂了一匹马的原理,就可以触类旁通,探寻并领悟其他事物的原理。

这个哲学命题看似简单,实则蕴含着深奥的哲学智慧,然而,它与逻辑思维的路数是不符的。不同于"齐物论",逻辑思维追求的恰恰是用各种有着明确区别的概念来界定每一种事物。例如,"逻辑"和"逻辑学"就是两个完全不同的概念。

我们在探讨物理现象时,必须运用相关的物理学知识;在探讨经济学现象时,也要运用相关的经济学知识。那么,如果我们探讨逻辑问题,是否也必须要学习和运用逻辑学的有关知识呢?换言之,如果我们提出"如果有人没学过逻辑学,那么,他们的思维或说话就肯定是没有逻辑的"这一命题,它能否成立呢?

显然,答案是否定的。如果把"逻辑"与"逻辑学"混为一谈,就很容易提出这一错误命题。生活中,我们经常提起的"逻辑"其实与逻辑学没有什么太直接的关系。"你说的话完全没有逻辑""你应该遵循现实社会的逻辑来做事""你的假设存在着逻辑漏洞""如何让自己的思维更有逻辑",这里谈到的"逻辑"其实指的是"合理性"或"条理性"。

对于没有经受过系统的逻辑学训练的人来说,所谓逻辑,就是思考时符合事理或说话时有条有理。可以说,上述的"逻辑"只是逻辑所具备的几个典型特征,绝不是逻辑完整的内涵。

一开始,"逻辑"其实是对论证或思维过程做出的某种规范。也就是说,如果不按"逻辑"的要求来思考问题或说话论证,那么,最后就可能得出一个错误的结论。换言之,想要正确认知客观世界,"逻辑"就是唯一的途经。根据"逻辑"的这个概念,任何与逻辑不符的论证过程或阐述都会偏离轨道,也不能指向最终那个唯一的正确结论。

然而,把这个问题放到现实世界中就没有那么简单了。生物学、数学、化学、历史学、哲学、社会学、天文学、人类学等各学科所面向的研究对象是不同的,然而,它们归根结底都是人类认识和了解世界的不同方法。

可见，事实上并不存在正确认识世界的唯一途径。也就是说，虽然"逻辑"试图对人类的逻辑思维过程进行规范，但这种规范作用并不是放之四海皆准的，而是局限在某些特定的范围内。用更通俗一点的语言来说就是：学科不同，与之对应的逻辑也不同，即不同的事物所遵循的逻辑是不同的。

作为一门学科，逻辑学是以逻辑问题作为研究对象的。也就是说，"逻辑"是逻辑学的研究对象，而并非逻辑学本身。与之类似的，社会学的研究对象是"社会"，然而，社会与社会学之间并不能画等号。

更进一步来说，有的人系统地学习过逻辑学，那么，比起普通人，他们对关于"逻辑"的原理，也就是逻辑问题中存在的逻辑就更熟悉。然而，那些精通逻辑学的人只能就那些有关"逻辑"本身的问题展开准确的论述，这并不意味着他们能有逻辑地认知周围的事物。比如说，警察通常指导如何运用逻辑来拨开迷雾，探寻案情的真相，然而，这不一定是逻辑学博士的优势。毫无疑问，二者中的逻辑学博士出色地掌握了逻辑学知识，但警察的逻辑推理实践能力则更强，也许逻辑思维能力也更强。

9

「 加工概念，让逻辑浮出水面 」

关键词提示：概念、具体、抽象

对大部分人来说，比起抽象的事物，形象具体的事物总是更易于理解。比如说，比起一段文字，一幅画总是更生动、直观；而比起一长串数理公式，一段文字又更通俗易懂。原因在于那些生动形象的事物常常是直接从生活中最常见的事物而来的，而那些抽象的事物则经过了人类大脑更深层的加工。比起形象的事物，抽象的事物多经历了一道工序，因此，与事物原本的直观形象有了较大差异，理解起来也不是那么容易。

在思维过程中，我们往往是用抽象思维实现对概念的加工的。那么，抽象思维是什么呢？这是一种思维形式，也是一种反映客观事实的过程。"抽象"也就是事物具体的形象被"抽走"了。

我们不如借助一些概念来加深对抽象思维的理解，比如说"瓜"。西瓜、哈密瓜、香瓜都是一种具体的瓜，有着各自的鲜明特征。但是，如果忽视这些具体而直观的差异，那么，我们也可以用"瓜"这个概念来对它们的共性进行描述。我们只要看上一眼，就能感受到西瓜、哈密瓜、香瓜与苹果之间的差别。更进一步，我们又可以用"水果"这个概念来描述西瓜、哈密瓜、香瓜、苹果的共同属性。

可见，所谓抽象思维，即不断运用推理、概念、定义、判断等方式对客观事实的各种特征进行间接性的概括。具体来说，就是把有关的"概念"从具体的事物中抽象出来，然后，对这些抽象概念进行加工，从而形成一个完整的逻辑体系。这就是抽象思维最重要的作用。

比如说，画家在画马的时候，通常不会将骏马的全身都详细地描摹出来，而是画上一个昂首挺立的马头，一只奔腾而起的马蹄。这只是一些局部构图，虽然看上去不完整，但人们往往可以展开联想，从而想象这匹马的全貌。与画家绘画类似，警察破案也是根据犯罪现场支离破碎的线索寻找犯罪逻辑，运用抽象思维探究案情的真相。

多年前，美国宾夕法尼亚州的一家博物馆里曾发生了一桩文物失窃案。很快，警察就锁定了一名嫌疑人，并将其捉拿归案。然而，这名嫌疑人的心理素质很好，一直严防死守，接连数天的审讯，警察都没有得到任何关于失窃文物的线索。于是，当地警局求助于联邦调查局。很快，联邦调查局就派出有着丰富办案经验的伽利略探长负责这桩案子。

刚接到任务，伽利略探长就认真地翻阅了先前的审讯记录，他发现，虽然警员已经用了各种审讯办法，嫌疑人依然不肯认罪。根据多年来积累的办案经验，伽利略探长坚信，所有罪犯都有着一套自己的行为逻辑。在破案的过程中，如果警察不能很好地把握罪犯行为背后隐藏的逻辑，就难以探查真相。为了减轻刑罚，每个罪犯都会投机取巧、避重就轻，将警察的注意力从最关键的问题上面引开。而犯人的行为逻辑往往就隐藏于那个关键问题之中。无论犯人的心理素质多强，他们都有所害怕的事情。伽利略探长深知，当务之急就是突破嫌疑人的心理防线。于是，他特意前往嫌疑人的家乡，进行了深入调查。

嫌疑人的父母早逝，他自幼由祖母抚养长大，他对祖母也很孝顺。当时，嫌疑人的祖母身患重病，需要一大笔钱来做手术。探长发现，案发后的第二天，老太太第一阶段的手术就完成了。然而，这笔手术费金额巨大，根本不是嫌疑人的合法收入所能支付的。

于是，伽利略掌握了嫌疑人的犯罪动机：祖母患病，要动手术——要在很短时间内筹到一大笔钱——去博物馆窃取文物卖钱。根据这套行为逻辑，那么，祖母必然是嫌疑人心理防线的突破口。

伽利略重新提审嫌疑人，他对嫌疑人说："最近你祖母的身体状况良好，她还问我，你什么时候去看她呢。"

一瞬间，嫌疑人的表情变得很凝重。探长趁热打铁，说道："你现在是你祖母唯一的亲人了。我没有告诉她，你被拘留在警署。她无论如何也不愿看到你沦为罪犯。根据宾夕法尼亚州的法律规定，如果你现在主动承认罪行并交出赃物，只监禁 6 个月。只要你认罪，你在监狱期间，我会替你照看你的祖母，还会筹钱让医院将下阶段的手术完成。"

嫌疑人的犯罪动机是为了筹钱给祖母动手术，于是，伽利略探长根据这套行为逻辑展开推理，一旦这个嫌疑人最关心的问题得到解决，他也就不会再顽抗。果不其然，嫌疑人马上招供了，还协助警方，一同追回了失窃的文物。当然，伽利略探长也履行了他的诺言，帮嫌疑人预付了手术费。

破案时，伽利略探长运用抽象思维步步深入，对嫌疑人"作案动机"这一抽象概念进行加工，从而摸索出了真实的作案动机。接着，他又顺藤摸瓜，搞清楚了犯人的行为逻辑，合理地解释了案情的各个环节。之后，他又针对犯罪动机,对嫌疑人进行安抚,一下子让嫌疑人的心理防线彻底崩溃。当犯人意识到拒不认罪无法实现利益最大化时,他自然会做其他选择。探长就是利用犯罪心理学的逻辑来影响犯人做出决定的。

10

「 概念,反映思维对象的本质属性 」

关键词提示:概念、属性、抠字眼

现实生活中,类似"抠字眼"的现象比比皆是,这属于逻辑学中"概念"的范畴。比如说,在司法审判中,双方争辩不下的焦点往往在于当事人究竟符合相关法律条款的哪一条。判定行为的名称不一样,最后判定的结果也不同。

可见,在生活中,并不是任何"抠字眼"的行为都是没有意义的,有时候,一个字眼甚至关乎一个人、一个集体乃至一个国家的利益。其实,人们常常"抠"的"字眼"就是概念。"概念"是一种思维形式,用来反映思维对象的本质属性。对我们来说,在日常生活中明确、清晰地把握概念,可谓意义非凡。

从前,有个人去以色列旅游,他对当地的著名景点"哭墙"很感兴趣。然而,他不知道"哭墙"这个地方要怎么说。于是,他对的士司机说:"我想去一个很有名的地方,那是一个让所有去到那里的人都很悲伤的地方。"听罢,司机很确定地说:"行,没问题。"游客以为司机领会了他的意思,然而,他万万没想到,十分钟后,出租车稳稳地停在了当地税务局的门前。

这虽然是一则笑话。但是,却同样反映了一个事实,那就是,无论是什么事物,都有着多种不同的属性。而本质属性则是决定一个事物成其为这种事物并区别于其他事物的属性。所谓的"抠字眼",就是要明确知道某个词语究竟表达了什么意思，也就是说，这个词究竟反映了哪种事物的本质属性，而这种属性又是什么。因此，必须要先认识和理解某个概念所反映的事物的本质属性，才能进一步认识和理解这个概念。

比如说，一般的词典里对"死亡"一词做出的解释是"失去生命"。而《辞海》对死亡则做出了更进一步的解释，即"机体生命活动的终止阶段。其过程分为临床死亡——心跳、呼吸停止，反射消失；生物学死亡，又称为脑死亡"。而有关"心跳死亡"的定义则是"心脏停止跳动，呼吸停止"。到目前为止，这是死亡这一概念最传统而全面的内涵。

古时候，人们认为，心脏的一大功能是思维，然而，随着研究不断深入，人们开始意识到思维其实是大脑的一项生理机制。现代社会，人们又重新定义了"脑死亡"，也就是"瞳孔放大、固定，严重昏迷，脑干反应能力消失，脑波无起伏，呼吸停顿"。几年前，卫生部拟定了上述"脑死亡"的判断标准。实际上，这一系列的标准正是"脑死亡"这个概念的内涵，它最大的意义就是将死人与植物人区分开。

逻辑学一项最基本的功能就是让人们学会如何"抠字眼"。按照逻辑语言来表达，那就是让人们学会如何"明确概念"，让人们学会一套逻辑方法来明确概念，并在日常生活和工作、理论思考、科学研究等各个领域里广泛运用这种基本的方法。

11

「 "苦恼的蝙蝠"：概念归类的逻辑问题 」

关键词提示：归类、严谨

北京大学哲学系的王东教授发现，刚刚步入大学校园的新生在学习中

第四章 逻辑概念：思维大厦如何建成

经常遇见一个问题，那就是概念不清。很多大一新生不能正确地将研究对象归入合适的概念之下，因此，研究从一开始就有逻辑漏洞出现了。给概念归类看似是一个小问题，但我们也不能因此而忽视它，否则就会成为"苦恼的蝙蝠"。

在大森林里，兽族与鸟族之间发生了冲突，双方纷纷将自己的同类召集起来，参与战斗。唯独有一种动物幸免，那就是蝙蝠。

老虎去找蝙蝠，邀请它作为兽族的一员参战。然而，蝙蝠却拒绝了它："抱歉，你看，我和鸟儿一样，长着翅膀，能在天空飞翔，和你们是不一样的。因此，我是鸟儿，不是兽族。"

不久后，老鹰又来找蝙蝠，邀请它加入鸟族，参与作战。这次，蝙蝠又说："你看啊，我身上长的不是羽毛，而是毛。更何况，我是哺乳动物，是胎生的，不是卵生的。你们这些鸟类是卵生动物，但我属于兽类，不能为鸟族作战。"

在这场轰轰烈烈的大战中，蝙蝠没有加入任何一方的阵营。

不久后，战争平息了，兽族和鸟族还缔结了盟约，要维护森林的和平。双方举行了一场盛大的宴会来庆祝战争的结束。宴会上，兽族坐在左侧，鸟族坐在右侧。蝙蝠也想参加这场盛宴。它来到兽族的座位旁，老虎冲它吼道："你不是说自己是鸟吗，坐到对面去。"接着，它又飞到鸟族的座位旁，只听老鹰对它说："你不是兽类吗，你不能坐在这边。"

可见，无论是兽族，还是鸟族，都不再将蝙蝠视为同类。最后，它只能灰溜溜地走掉了。蝙蝠自以为聪明，耍了两面派的小伎俩，却遭到所有动物的排挤。

哥伦比亚大学语言与认知研究中心的一个研究小组发现了一个有趣的现象：在讨论问题时，人们往往习惯于将两件毫无关联的事物纳入同一概念的范畴里。此外，人们还经常把同一个事物纳入若干个不同的概念下。虽然这样的做法不一定是完全错误的，但却是不太严谨的，也因此容易导致与事实相悖或思维上的混乱。

比如说，当人们批评某个人的时候，经常否定了他的缺点，同时，还否定了他的优点。诚然，优点与缺点所占比例的多寡决定了人们对这个人最基本的定性。然而，条理分明的逻辑思维追求的是一种"丁是丁，卯是卯"的严谨境界。因此，有着较强逻辑思维能力的人总是能区别对待人或事物的优点与缺点，不会因为缺点而彻底否定优点，也不会因为优点而无视缺点。归根结底，虽然优点和缺点在同一个个体身上体现出来，但它们是两个完全不同的概念。

第五章

逻辑推理

由已知演绎未知

「 逻辑推理：有理有据，言之凿凿 」

关键词提示：已知前提、有理有据

经常有人会问，要如何巧妙地提出自己的观点才更能让他人信服呢？北京大学哲学系教授周北海指出："构建任何观点都离不开逻辑。一旦逻辑推理不成立，就无法得出正确结论。因此，只有经过严密的逻辑推理得出来的结论，才是真正有理有据的，才能让人信服。"

逻辑推理的特征就是它的严密性和条理性，人们必须以某些客观事实作为前提，在此基础上推理出一番必然的结论。发散思维需要借助想象力，经常会把两件看似毫无关联的事物联系在一起。有时候，这种联系在现实中缺乏合理性，但是，这并不影响人们运用发散思维来思考并解决问题。然而，逻辑思维必须是明确的、无误的，如果作为推理依据的前提有一丝一毫的错误，那么，无论推理过程如何严谨，得出的结论都是"谬之千里"。

世界上虽有成千上万种道理，但是，一般情况下，我们只能用某一种道理来解释某一种具体的事物。真正让人无从反驳的论据有两个特点，即真实性和唯一性。换言之，只能用单一的逻辑来解释该论据，其他可能性都被排除在外。

警察侦破案情的过程中往往会遇上一些小插曲。这是因为隐藏在每个案件背后的真相是唯一的，然而，罪犯留下的每一处线索都有着多种可能的解释。警察只有抓住那个唯一的真相，才能将罪犯留下的痕迹一一解释。警察破案就是要经过一系列严谨的推理找到那个唯一的逻辑，让罪犯乖乖低头服法。

事实上，无论一个人拥有多么严密的逻辑思维能力，他仍有可能在逻辑上犯错。这是因为已知前提是人们进行逻辑推理的基础，一旦前提本身不是真的，那么，逻辑推理就会将人们引向南辕北辙的结果。比如说，如果警察追寻着罪犯故意伪造的线索来破案，那么，他们就永远无法找到那个唯一的真相。除此之外，如果警方没有充分搜集到罪犯留下的痕迹，也可能让逻辑推理偏离正确的轨迹。比如说，下面这桩案件。

发生在美国西雅图的"绿河连环杀人案"让中央情报局遭遇到一次少有的重大挫折。西雅图警方与联邦调查局投入了大量警力，耗费了长达20年的时间，最后才使此案得以侦破。一来此案的凶手狡猾至极，二来警方只搜集到很少的线索，这都让警方举步维艰，难以从茫茫人海中锁定犯罪分子。

1982年一个盛夏的午后，一名男子在绿河中惬意地划着皮艇，却发现了一黑一白两具尸体。很快，在案发现场附近，西雅图警方又发现了另一名受害者。而这三名死者都是少女。

经过法医鉴定，前两名受害人大约在一星期前被杀害，直到最近两天才被抛尸在绿河。而第三名受害者大约在24小时之前遇害。这三名死者的脖子上都有着明显的瘀青，经过法医鉴定，她们是被同一名凶手杀害，而且都是被勒死的。

这个结果让探员们为之震惊。其实，绿河上已经接连发生了好几起类似的案件。早在一个月前，有两名少女就在绿河边被杀害。几天前，在河畔的另一个地方，还有一个人被杀害。这六名死者的遇害地点各不相同，但她们都是被勒死的。警方根据这些"已知前提"判定，这是一起出自同一凶手的连环杀人案。于是，西雅图警方以受害者的社会关系为切入点，先后对5.2万条线索和2.1万人展开追查，尝试着从中探寻到罪犯的行为逻辑。

案发地点是在绿河，而凶手的作案时间没有任何规律可循。警方可以从各种角度来解释这些信息，因此，不符合逻辑推理的唯一性。遇害的所有少女都曾涉足色情行业，这是案件最有价值的一条线索。于是，警方初步做出推断，罪犯应该是一个嫖客而且就生活在西雅图。

逻辑推理最常规的方法就是根据多个"已知前提"一步步推理，最终得出结论。在推理的过程中，新的"已知前提"会不断加入，人们必须通过严密的论证将所有"已知前提"联系起来，最终形成一个环环相扣、严丝合缝的整体。在上述案件中，已知前提是罪犯的作案手法，西雅图警方据此判定这是一起出自同一凶手的连环杀人案。接着，他们又紧紧抓住"凶手是同一个人"这个"已知前提"，寻找凶手与每个遇害人之间的共同联系。

最终结果表明，西雅图警方正是靠着仅有的线索展开推理，一步步接近真相的。

2

「　不符事实的推理，再"完美"也有逻辑漏洞　」

关键词提示：论点、论据、论证

在中国史学界，有一名专家曾闹出过一个大笑话：这位专家试图用一个经济模型对明朝末期某个地区某一年人们的生活状态进行判断。该专家将各种数据带入模型中，反复进行计算，最终结果表明，那一年风调雨顺，那个地区社会安宁，百姓安居乐业。怎料，与年表一对照，人们却发现，那一年当地发生了一件几乎可以改写大明王朝命运的大事——闯王李自成在那里发动了农民起义。该专家的推理结果与史书的记载大相径庭。历史事实肯定不会错，那么，是专家的逻辑思维出错了吗？

哈佛大学心理学系曾开展过一项有趣的调查：如果有人想提高自己的逻辑思维能力，与其学习当代逻辑学，不如学习数学。实际上，数学与现代逻辑学有着千丝万缕的联系，很多逻辑研究成果都是借助严谨的数学方法推理得出的。而数学同样也是现代经济学模型的基础，上文那位历史学家正是利用经济学的数学模型来研究历史问题的。

数学富有逻辑性，精密而严谨，是学术研究中的有力工具。然而，演算再完美，也未必与事实相符。历史学家的故事也佐证了这一点。根据逻辑的同一律的要求，真相都是唯一的。任何"逻辑"只要与事实或真相不符，那么，它就是错误的。主要有三方面的原因会导致"逻辑推理"与事实相背离。

第一，论据问题，也就是已知前提有误。

所谓逻辑推理，就是将多个已知前提联系起来，进行推导，得出一个结论。这是逻辑推理必须遵循的基本规律。也就是说，一旦已知前提出错了，在推理过程中，人们就会陷入困境，得出的结论也南辕北辙。前提或方向出错了，无论进行多严谨的数学演算，也不可能得出正确结论。比如，历史学家的演算过程可能是正确的，带入数据时，也没有加减乘除等方面的运算错误，然而，如果这些数据本身就是不可靠的，那么，无论运算过程多么严谨可靠都无济于事。

第二，论证问题，也就是推理方法有误。

哪怕数据等已知前提是正确的，人们推理得出的结论仍可能是不合逻辑的，这时，很可能就是推理方法有误。如果论点与论据都是准确的，但是推理方法没有严格地遵守这些已知前提，那么，论点与论据就可能断裂，"逻辑"自然也无法"自洽"，最终与现实相悖。

第三，论点问题，也就是理论角度是有缺陷的。

在理论环节，人们很容易犯逻辑错误，提出一些不扎实、不可靠的论点。比如，那位史学专家尝试借助经济学模型来研究历史问题，也就是通过一些数据来对历史问题进行精准的描述。但是，历史的产生与演变过程受到多重因素的共同影响，这位史学家将注意力集中在人口出生率、死亡率、就业率、生产率等经济因素上，却忽视了文化因素、社会因素对历史的作用。因此,非经济因素没有被纳入这个数学模型里,导致它是不完善、不全面的。而那些被史学家忽略的因素却正好在其中发挥着决定性作用。这样一来,史学家就得出了一个与事实偏离的"逻辑推理"结论。

那么,我们要怎么做,才能尽可能减少推理中的逻辑漏洞呢?简单来说,我们要以论点、论据、论证三个环节为切入点,找到思维上存在的盲点,为这些漏洞查漏补缺。那么,我们要如何判断论点、论据、论证是否与逻辑相符呢?其实就是将它们与事实对比。

第一,论点上的逻辑漏洞。

一个理论成立与否,首先就要看论点是否可靠。如果论点漏洞百出,就很容易被人揪住辫子。比如说,"所有中国人都爱喝茶"这一论点就是以偏概全,与实际情况有着很大偏差。

第二,论据上的逻辑漏洞。

有的人试图证明"所有中国人都爱喝茶"这个论点是成立的,甚至还提出了西湖龙井、洞庭山碧螺春、福建白毫、武夷岩茶、安溪铁观音等都是中国名茶,以此作为论据。然而,持反对意见的人也可以轻轻松松指出,在中国很多地区并没有喝茶的风俗。可见,如果论据是以偏概全的,最终就会得出以偏概全的论点。

第三,论证上的逻辑错误。

以上提到的中国茶乡散布于中国南北各地,因此,有人据此推断"所有中国人都爱喝茶"。但是,逻辑推理是具有排他性的:一来,茶乡在广袤的中国大地只占据了很小一部分地区;二来,即使在茶乡,也不意味着那里的每个人都爱喝茶。

想要有效地提高逻辑思维能力,就要善于找到论点、论据、论证上存在的漏洞,为它们打上补丁,尽可能让自己的观点与事实相符。

3

「 表述含糊，推理的"绊脚石" 」

关键词提示：表述、清晰、语言

我们要如何判断某个人是否拥有较强的逻辑思维能力呢？最简单直接的办法就是观察他在描述人或事物时所使用的语言是否清晰有效。逻辑最鲜明的特点就是清晰、准确、有序、条理分明。在大多数情况下，那些指代不清晰的语言是缺乏逻辑的。也就是说，一个人如果在语言表达上不得要领，他也不可能具备强大的逻辑推理能力。

事实上，模糊不清的语言表述会对逻辑推理的可靠性产生直接影响，因此，专家学者在进行学术研究时，都格外注意遣词造句的准确度与清晰度。出自他们之手的文章，语言也许不是那么生动活泼，但都不乏逻辑性。

在实际交流过程中，因为双方在逻辑能力上有高下之分，常常会出现"沟通漏斗"现象。也就是说，你可能完全听不懂对方在说什么。一旦不能清晰准确地理解对方的意思，自然也就无法有效交流。有多重因素会导致这种现象的发生，例如，你的理解能力较弱，或对方的表达能力较弱。

一般来说，如果一个人的语言表达能力比较弱，那么，他就不可能养成条理分明的思维习惯。他们的思维一般会表现出明显的跳跃性，也许前一秒还在讨论这个问题，下一秒就会毫无征兆地转移到另一个毫无关联的问题上去。比如，前一秒大家还在讨论今天晚上的晚餐，那些具有跳跃性思维的人下一秒就会开始莫名其妙地讨论明天的天气。

然而，那些多年来经受过严格学术训练的专家学者身上则很少发生类似的状况，因为他们早就习惯了先划定一定的范围，再来讨论问题。虽然他们手头上掌握了大量理论与资料，但是，他们不会胡乱地引用这些论据。

比如，在复旦大学历史学系召开的一次学术研讨会上，大家围绕着"唐代农作物的有关情况"展开讨论。学者们可以以粮食品种需要缴纳赋税为切入点，提出自己的观点；也可以以唐代墓葬中出土的哪些植物种子为切入点，展开论述。这些都没有脱离研讨会的主题，都是围绕着农作物的有关问题来展开讨论。但是，如果有学者在这次研讨会上发表了有关唐朝货币制度的文章，则会被视为跑题。原因在于农作物与货币制度并没有直接关系。

那么，我们要怎样才能摆脱表述模糊的困境，让语言的逻辑更清晰呢？我们不妨先看一下下面这个小故事。

古时候，有一个博士（古代的一种官名，与现在的博士不同）去市场上买驴。双方把价格商量好了，博士要卖家写下一份买驴的契约。卖家不识字，就请博士代写。卖家从临近商铺借来笔墨纸砚，博士当即奋笔疾书，足足写了三页纸。

卖家很好奇，便请博士将契约念给他听。只见那博士摇头晃脑地念了起来，好半天才念完。听完后，卖家更困惑了，问："先生写了三页纸，为何却没有提到一个'驴'字呢？很简单，只要写上我在某年某月某日卖给了你一头驴，价格是多少，就行了。何必这么啰唆呢？"一旁围观的人听罢也都哄笑起来。接着，这件事在城里传开了。还有人编了几句谚语，讽刺那位饱读诗书的博士："博士买驴，书卷三纸，未有驴字。"

如今，人们也经常用"博士买驴"来讽刺有的人说话或写文章不在点子上。那些逻辑思维能力较弱的人最容易犯这种逻辑错误。他们在语言表述上往往抓不住要点，说了半天也绕不到主题上去，自然也无法将自己内心所想准确表述出来。

要想避免犯类似的逻辑错误，应该做到以下三点。

第一，说话无论如何都不要偏离主题。在谈天说地时，人们很容易从这个话题跳到那个话题。因此，在交流时，我们不妨将讨论范围集中在某一个中心上。一旦发现交谈偏离了主题，就要想办法绕回来。这样一来，就不用担心因为思维上太跳跃而使语言表述没有逻辑了。

第二，凡事都要将要点列出，养成整理归纳有关观点的习惯。那些富有逻辑性的语言最突出的特点就是条理清晰、层次分明。连续说一大段话，听话者很容易被绕晕，也把握不住你的逻辑。如果将说话的内容分为几个部分，听话者就会更容易听懂。哪怕在听的过程中有所疑虑，也可以在事后提出来对第一点、第二点或第三点的疑惑。

第三，找到论述中表述模糊的地方，补充说明，形成一条完整的逻辑链。事实上，无论你的表达能力有多么出众或逻辑思维能力有多么严密，都无法让听话者将你要传递的信息完全接收到。因此，及时进行补充说明就显得尤为必要。我们通过这个环节可以找回"沟通漏斗"流失掉的那些信息，实现与其他人的有效交流。

4

模态逻辑的模态判断和性质判断

关键词提示：可能、必然、判断

在日常生活里，在刚刚接触并认识某些新鲜的客观事物时，人们常常不能一下子就特别了解它，因此，也不能立刻对这些客观事物下肯定或否定的判定。例如，中国一句古话说的是"天行有常，不为尧存，不为桀亡"。这句话是古人观察四季运行的现象并经过多年总结后得出来的结论。再比如说，我们都知道"水中捞月"是不可能的，但"海底捞针"则是有可能的，这都是人们在实际生活中通过不断总结得出的结论。

在逻辑学中，这些判定事物情况的可能性或必然性的判断被称为模态判断，而通过研究模态判断的逻辑特性以及其推理关系的逻辑学说就是模态逻辑。比如，小红、小明、小兰三个人去郊游，但天气预报报道说当天可能会下雨。临出发前，三个人意见不统一，争论起来。小红说："天气预报只是说今天可能会下雨，因此，今天也可能不会下雨，我们还是去郊游吧。"小红说完，小明马上反驳道："天气预报说了今天可能会下雨，那就说明今天要下雨，我们还是改天再去郊游吧！"小兰想了想，说："天气预报只是说今天可能会下雨，并没有说今天一定会下雨，这就说明今天下雨并不具备必然性。那么，我们到底去不去郊游，还是应该自己来决定。"那么，这三个人究竟谁说得对呢？

　　实际上，小红和小兰的理解是对的，而小明的理解是错的。在上述例子中，"不可能"是对"可能"的否定，因此，"不可能"是对"可能"的负判断。比如，"海底捞针"虽然困难重重，但这确实是可能发生的，只是说可能性微乎其微。而"水中捞月"则是完全不可能的，因为水里面的只是月亮的倒影，水中根本就没有月亮。

　　再比如，有的人平时喜欢买彩票。对买彩票的所有人而言，他们之中必然会有人中奖；但对买彩票的某个人而言，中奖只是一种偶然现象。换言之，一个人买了彩票，他可能会中奖，也可能不会中奖。这就是模态逻辑中的模态判断，与之相对应的还有性质判断。

　　在逻辑学中，性质判断又被称为实然判断，指的是在判断肯定或否定的情况下，可以由必然判断推出实然判断，再由实然判断推出可能判断。然而，顺序反过来则行不通。可见，必然判断的断定是最强的，实然判断次之，可能判断最弱。比如，2003年，英国时任首相布莱尔决定参与伊拉克战争。直到2010年2月29日，他才就此事首次接受公开质询。他说，他不允许任何威胁的可能性存在。在他看来，他当时作为英国首相身兼重任，这是他当时能做出的最好的决定。促使他做出这个决定的根本原因在于他把本来是可能的弱断定当成了必然的强断定。

　　在实际生活中，受趋利避害心理的影响，人们也常常将可能判断视为必然判断。比如,有人去买彩票,明明知道中千万大奖的希望渺茫,但还是坚持不懈地买彩票。可见,大部分情况下,都是人们的心态在作祟。学习逻辑学的一个重要用途就是让我们以更理性的思维来看待生活、工作中的各种情况。

5

「 省略推理:我以为你知道 」

关键词提示:想当然、省略、信息衰减

为什么我们有时候会觉得很难与别人交流?根据"沟通漏斗"理论,在传递的过程中,信息会不断衰减。比如说,一个人试图表达出来100%的内容,但是,当他表达出来时,内容的信息可能已经衰减了20%。而这80%的信息传递到听话者那里时,可能只有60%被接收了。因为每个人的教育背景、知识结构、文化水平、思维方式等各不相同,因此,无法完全接收到那80%的信息。

更何况,"听到了"与"理解了"之间并不能完全画等号。被接收的60%的信息最终只有40%被听话者真正理解和消化。当他对相关内容进行反馈时,会和之前那个过程一样,表达出来的内容比心里试图表达的内容减少了20%。换言之,在交流的过程中,大约只有20%的有效信息能被对方真正理解与执行。

实际上,导致"沟通漏斗"现象频频发生的一个重要原因就是,在交流的时候,人们常常默认为"对方知道并理解我的逻辑"。然而,其实交流双方的思维逻辑也许完全就不在同一频道上。你正用A逻辑在描述某件事情,而听话者却认为你所用的是B逻辑。双方的逻辑完全不同,沟通自然会有障碍。要想尽量避免"沟通漏斗"的情况，就要努力增强说话时的逻辑性，不要想当然地"省略推理"。

正如我们所知，逻辑推理是根据多个已知前提一步步推导出结论。逻辑推理的严密性主要表现在要先阐述清楚这些"已知前提"并把话题或观点限定在一个明确的范围里。千万不要忽视这个小小的步骤，这将直接导致"省略推理"的发生。

在日常生活中，人们思考或说话时，"省略推理"的情况也时有发生。比如，到了冬天，大部分南方地区是没有暖气的。而有的人自幼在北方长大，就想当然地认为全中国到了冬天都会供暖。这时候，如果一个北方人在冬天去南方出差，询问当地朋友是否有"暖气片"，"电暖器"却会浮上南方朋友的脑海。这是因为省略了关于"已知前提"的描述，从而在沟通中引起了误解。南方人与北方人对"已知前提"的理解各不相同，实际上，双方交流的话题并不在同一范围内。

有一点需要注意，上面的这个例子其实也是一个"省略推理"，那就是我默认"所有北方地区冬天都用暖气""所有北方人都误以为冬天全中国都用暖气""所有南方人都不知道北方地区冬天用暖气"等"已知前提"是为人们所公认的"常识"。然而，其实这些被省略的"已知前提"也不一定准确。比如，南方人可能在冬天时去北方旅游过，又或者听身边的朋友提起过北方冬天烧暖气的情况，而有些南方城市临近北方，也有与暖气类似的供暖设备。

正如我们在前面所提到的，任何假的"已知条件"都无法推理出正确的结论。无论推理的过程如何符合逻辑，其结果都会有悖于事实、有悖于逻辑。省略逻辑最大的问题就是没有明确双方对"已知前提"的认知是否相同，从而自顾自地推演出南辕北辙的逻辑。

6

「 不要将自己的逻辑强加于人 」

关键词提示：省略推理、误会

客观世界中万事万物的变化与发展都遵循着一定的逻辑，只要洞悉了其中的规律，就可以对事物后续的发展与变化做出一定程度的预测。然而，大多数人总习惯于按照自己的逻辑去打量并思考世界。在对实际情况，即对已知前提不甚了解的情况下，就轻率地将自己的假设视为事情的真相。在生活中，由此引发的误会屡见不鲜。

莉莉在一家高端品牌服装店里工作，她热情开朗，勤劳能干。每当有顾客步入店里，她总是第一个热情地迎上去，提供服务。在这个商圈里，莉莉热情洋溢的微笑服务小有名气。相比其他服务员，她的人气和销售业绩遥遥领先。但是，最近一个星期，莉莉却一件衣服都没能卖出去，这与她平日里的工作表现大相径庭。

对此，身为店长的克里斯汀很困惑。她对莉莉的表现进行了仔细观察，最终发现了问题的症结。一天早上，一个顾客来到店里，莉莉还是最先迎上去的。但是，这次她并没有露出招牌式的微笑，反而耷拉着脸，很不开心。试问，当服务员露出这样一副表情时，哪个消费者愿意继续消费呢？于是，这位顾客在店里草草转了一圈，很快就离开了。接下来又陆续来了几位顾客，情况也是如此。可见，莉莉这一星期的销售业绩直线下滑的根本原因就是她提供的服务不热情，也不友善。

那么，这种情况为什么会发生呢？很快，克里斯汀店长就想到了三种可能的原因：第一，莉莉在生活中碰到了麻烦事，工作的时候才没精打采的；

第二，莉莉对自己心怀不满，所以才消极怠工；第三，莉莉打算另谋出路，于是故意找碴。

下班后，克里斯汀让莉莉留下来，询问她最近是不是遇上了什么麻烦事。结果，莉莉露出了一副茫然的神情，表示一切顺利。

接着，克里斯汀又问道："那你是对我有什么意见吗？"

莉莉也摇摇头，说："店长，这么长时间以来，您一直这么关爱我，给我不菲的薪酬。我有什么可抱怨的呢？"

那么，莉莉就是打算跳槽，才故意找碴了？克里斯汀店长想到这一点，不免有些苦恼。她的语气有些不悦，问道："那你最近为什么不好好工作了呢？"

莉莉一脸不知所措，急忙为自己辩解说："店长，我最近工作一直很努力呀！只要有顾客来店里，我都第一时间迎上去，接待他们。但最近他们总是不愿意买东西，我也没有办法呀！"

克里斯汀严厉地说："确实，你还是第一时间迎上去招待顾客，但你总是一副愁眉苦脸的样子。看到你这副表情，谁心里会舒服呢？谁还愿意在店里买东西呢？"

听到这里，莉莉才明白了店长的逻辑。她连忙解释："店长，这并不是我的本意，实在抱歉。但我最近得了口腔溃疡，只要一张嘴讲话，就疼得厉害。"

克里斯汀恍然大悟，原来是自己误会了莉莉，连忙向她道歉。

在以上这个案例里，克里斯汀店长想当然地将自己的那套逻辑强加在莉莉头上。她并不知道莉莉得了口腔溃疡这个已知前提，因此，经过一番推理后得出的结论也是错误的。同样，莉莉也没有意识到自己因为疼痛而流露出的表情让顾客不悦这一已知前提，想当然地认为自己仍在努力工作。在这个思维过程中，两个人都采用了"我以为你知道"的省略推理，最终导致了误会发生。

可见，当我们感到与其他人的沟通不畅时，不妨好好想一想，我们也是在进行"我以为你知道"的"省略推理"。先仔细找找自己在推理中省略了哪些"已知前提",再与对方确认一下双方对"已知前提"的理解是否是一致的。这样一来,就可以有效地改善"沟通漏斗"现象,尽可能避免将自己的逻辑强加在对方头上。

7

「 厘清事物变化的逻辑,正确推理的前提 」

关键词提示:变化、发展、内在逻辑

日常生活中,当我们看到或听到某件事情,大脑就会自动运转,开始过滤并处理感官接收到的有关信息。大脑对各种信息进行组合与排序,我们对事物的认识也逐渐成形。这是一个复杂的过程,在此期间,大脑会运用逻辑推理来梳理事物之间的关系,厘清蕴含于其中的逻辑。

正所谓学海无涯,无论一个人的知识如何渊博,所掌握的知识都是有限的。尤其是在当今时代,知识分类越来越细致,已经很难有传统意义上那种无所不知、无所不晓的全才了。对于大多数普通人来说,他们可能擅长某一两个领域的专业知识,对其他领域的知识则只是略知皮毛或一窍不通。造成这种现象的根本原因未必是他们没接触过相关知识,而是他们不明白相关知识是依据什么逻辑而存在的。

如果不能有效掌握蕴含于事物之中的逻辑,就很难深刻地认识某个事物,更谈不上灵活自如地运用了。而如果我们能真正理解事物之间的逻辑关系,就可以遵循这些逻辑展开推理。这一点在警察破案时体现得尤为明显。

一般情况下,犯罪分子都会想方设法掩盖自己的犯罪痕迹,尽可能不

第五章 逻辑推理：由已知演绎未知

给警察留下破案线索。但是，面对很多疑难案件，警察追寻到了罪犯的痕迹，甚至明明知道罪犯是谁，却无法将其迅速绳之以法。因为有的罪犯智商极高，行为模式飘忽不定，哪怕是经验丰富的侦探也一下子摸不透他们的行为逻辑。这样一来，警察就难以预测他们下一个下手的目标会是谁，自然无法展开有针对性的部署。

在美国洛杉矶附近的一个小镇上，曾发生过一起骇人听闻的连环杀人案。有一天，一辆停在医院附近的汽车爆炸了。接到报案后，洛杉矶警方迅速赶往现场，发现了一具女尸，已经被大火烧焦了。经证实，死者就是这辆汽车的车主。

接着，警方展开了一系列调查。在案发当晚，死者曾从一家酒吧里给她的丈夫打过电话，说中了彩票。在案发现场，还有人看到了一个形迹可疑的长发男子，但已经记不清他的长相。酒吧的服务生则说，在案发之前，一名长发男子就坐在死者身边。这名男子名叫迈克，经常光顾这家酒吧。

很快，警察就对迈克的家展开了搜查。这次行动并没有抓到迈克，却在那里发现了受害人的戒指。于是，当地警局立刻发布通缉令。不久后，警方得知，嫌疑人曾出没于密西西比州的一家汽车旅馆，并在杀害了自己的新女友后逃离。怎料，短短两天后，在佛罗里达州的一家汽车旅馆里，又有一名女性被迈克杀害。

更让警方震惊的是，迈克极为嚣张，他不但没有剪掉他那标志性的长发，而且每次入住旅馆时都用真名登记。当警方赶往酒吧或汽车旅馆时，总能找到一大批目击证人。可见，迈克很熟悉美国各州的法律，他完全不掩饰行踪，却总是选择一条出乎警方预料的路线，四处跨州流窜作案。迈克总是能灵活运用情报在传递时的时间差，每次都在警方有所部署前作案。

但是，警方还是根据这几起案件总结了迈克的行为逻辑：第一，受害者都是迈克在酒吧结识的，都是他新结交的女伴；第二，无论迈克流窜到哪里，他都不会蛰伏下来，而是继续在酒吧闲逛，直到锁定新的目标。根据这些行为逻辑，警方断定，迈克肯定很快会再次下手。于是，马上通知位于东南部各州的警局,加强对州际公路沿线那些酒吧和汽车旅馆的监管。此外,东南部各州的电视台还在节目上循环报道连环杀手迈克的有关信息,以引起公众注意。不久后,警方就陆续接到了很多热心市民打来的电话,为他们提供线索。

有人报案说,在密西西比州的一处汽车旅馆见过一名长发男子,与迈克很像。而那里正好是迈克第二次作案的地方。虽然警方不太相信这条线索,但还是出警了,结果无功而返。与此同时,一场新的凶杀案却在路易斯安那州发生了。警方马上在州际公路沿途设立了检查站,防止迈克从路易斯安那州逃走。

不久后,警方得到了一条重要线索——迈克的交通工具是一辆黑色的沃尔沃汽车,这一点让嫌疑人的搜查范围进一步缩小。于是,警方马上发出公告,提醒各州市民格外留心一辆黑色的沃尔沃汽车。但是,警方却错失了一次捕获迈克的好机会。在肯塔基州的州际公路上,他违反了交通规则,被巡警抓住了。但是,巡警并没有发现此人就是通缉犯。于是,迈克只是交了点罚款,就溜之大吉了。

基于对迈克行为逻辑的了解,警方断定,他接着很可能在肯塔基州作案。果不其然,很快就有市民报警说,看到迈克正开着那辆黑色的沃尔沃,在肯塔基州内四处溜达。于是,警方马上派出警力,经过一番追踪,最终逮捕了这个穷凶极恶的杀人犯。

在这桩案件中,最开始,警方没有弄清楚罪犯作案所遵循的规律,因此处处落在下风。接着,警方对罪犯行为逻辑的认识逐渐深入,因此,也能越来越精准地预测罪犯下一步的行为。可见,我们必须先了解事物发展变化所遵循的规律,在此基础上进行逻辑推理,才能得出正确结论。

8

「 直接推理：抽丝剥茧，发掘真相 」

关键词提示：直接推理、充分条件、必要条件

所谓直接推理，就是以一个或多个已知命题为出发点进而推出另一个新命题的思维方式。当我们在平时的工作或生活中遇到困难时，有时只要抓住最关键的已知前提，从事物的一般规律出发，运用数学运算或逻辑证明，就可以把握特殊事实所遵循的规律。这就是直接推理的魅力。

一天夜里，小偷光临了一户居民，丢失的财物有若干现金和一台单反相机。接到报警后，警方马上出动，根据小偷在现场留下的脚印、指纹等线索展开调查，很快就锁定了犯罪嫌疑人并抓捕了他。接着，警方在嫌疑人的住处展开搜索，找到了那台丢失的单反相机。但是，嫌疑人不承认这台相机是偷来的，坚称这是自己很久前买的。相关证据的整理工作完成后，警方按照法律程序将这桩案件提交给法院，进行审理。

法庭上，法官指着那台单反相机，问小偷："这台相机是谁的？"

小偷说："当然是我的。两年前，我从商场买了这台相机。"

法官问："那商场给你开的发票呢？"

小偷说："已经找不到了。"

法官问："既然你说自己是这台相机的主人，那你不妨描述一下这台相机的特征？"

小偷说："这是一台佳能 6D 单反套机。"

法官接着问："很好，那你用它拍过照吗？"

小偷想也没想就说："当然了！我一直在用它。"

法官说:"那你把相机打开吧!"

小偷赶紧问:"法官大人,如果我能打开相机,是不是就证明这台相机是我的?"

法官回答:"你如果能打开,也不一定证明这台相机就是你的;但你如果打不开,就证明这台相机肯定不是你的!"

于是,小偷从法警那里接过相机,弄了好半天,紧锁的额头上开始渗出冷汗来,却无论如何也打不开相机。

法官见机问道:"被告,这相机你究竟能不能打开呀?"

小偷一边擦汗,一边讪笑着说:"抱歉,法官大人,我很久没有用它了,忘了要怎么打开。"

法官却说:"你刚才还说,这两年来一直用它拍照。为什么现在却说自己忘了呢?"

接着,法官又问失主是否能打开这台相机。失主连连点头,只是轻轻按了一个按钮,相机就打开了。法官严厉地对小偷说:"被告,这台相机根本不是你买的,而是你偷的!"

听罢,小偷很不服气,嚷道:"你刚才还说,能打开相机也不能证明它是我的。为什么他打开了,相机就是他的了?"

法官表情越发凝重,说道:"你真是不到黄河不死心啊!你看看,这是购买相机的发票,上面清清楚楚地写着失主的姓名和购买相机的时间。这还不能证明相机就是他的吗?"

小偷的嚣张气焰这才被扑灭,不好意思地低下了头,原原本本地交代了犯罪事实。

那么,法官是根据什么来推断相机不属于被告呢?他正是利用了直接推理法展开推理,得出结论的。他很清楚"能打开相机"和"相机是谁的"这两个条件之间的关系。他展开的直接逻辑推理是"打不开相机,就证明相机一定不是他的;打得开相机,也不能证明相机就肯定是他的"。

从打得开相机和拥有购机发票这两件事实出发,法官经过一番深思熟虑，得出了正确的结论：满足以上两个条件的人是相机的主人。这一思维过程就是典型的直接推理。小偷在狡辩时试图把"如果我打得开相机，就证明相机是我的"这一必要条件变换成充分条件，从而蒙混过关。然而，他面对的法官有着很强的逻辑思维能力，轻松就识破了他的小伎俩。

9

「 联言推理：林肯演讲 」

关键词提示：联言推理、合取

联言推理是一种很经典的推理方法，指的是以前提或结论作为联言命题，并且按照联言命题的逻辑性展开推理的一种推理方法。我们可以用公式来表示联言推理：

p 并且 q；

所以，p（或 q）。

在日常生活中我们经常会运用联言推理来解决一些问题，比如，军训的时候，教官经常对同学们说："正所谓兵不贵多而贵精，因此，兵贵在精。"这就是一个联言推理。在美国总统林肯的政治生涯中，他曾多次靠着精彩的演讲积攒人气甚至扭转局势。在一次演讲中，林肯的一番精彩开场白就巧妙地运用了联言推理。

林肯是美国历史上第 16 任总统，一生致力于废除美国农奴制，也因此最终被刺杀身亡。1858 年，林肯着手开始废除农奴制，并准备赶去伊利诺伊州南部地区发表总统的竞选演讲。该州南部聚居着大量少数民族，奴隶制在当地盛行。当地的奴隶主一听到林肯要来的消息，就商量要给他一个下马威，挫挫他的锐气。他们在当地到处造谣，让当地民众对林肯产生了浓烈的反感情绪，甚至还有人开始谋划刺杀林肯。林肯的好友得知了这些情况，劝他不要去那里，弄不好还会送命。但林肯却不以为意，他说："好朋友，我一定能在那里顺利发表演讲的，请为我祝福吧！"

很快，林肯抵达伊利诺伊州，开始了在那里的演讲："亲爱的兄弟姊妹们，你们当中有些人向我发出警告，说要让我吃点苦头。我很困惑，你们为什么会这么做呢？其实，我和你们一样，都是真诚、实在的普通人，从小就靠着出卖劳动力养家糊口。我对肯塔基州的人民很了解，同样，我对伊利诺伊州的人民也很了解，因为我曾经也是千千万万爱好和平的普通百姓中的一员。因此，我们彼此之间是熟悉而了解的。一旦你们真正对我有所了解，就会知道，我来到这里绝不是为了给你们带来麻烦。我的朋友们，你们千万不要干任何伤害别人的蠢事。让我们像最亲密的朋友那样，和睦相处。你们的梦想，其实也正是我所渴望的。我希望与你们真挚地协商各种问题，希望我们能以一颗赤诚之心善待彼此。亲爱的朋友们，我坚信，你们一定会这么做的。因为我们是兄弟，亲如手足。下面，我们来讨论一下具体的问题吧！"

林肯这番开场白话音未落，台下的掌声和喝彩声就如潮水一般涌来。坐在台下的听众开始议论起来。"这个人很真诚，也很普通，他并不是来剥削或侵犯我们利益的。""他很了解我们。"看到形势迅速扭转，几个试图滋事的奴隶主马上灰溜溜地离开了会场。

一开始的情况不利于林肯，但是，他通过短短一段开场白就迅速赢得了听众的好感。其实，在涉足政坛之前，林肯曾是一名出色的律师，因此，他有着很强的逻辑推理能力。他在这段简短的开场白里巧妙地运用了联言推理，从而赢得了人们的认可。在开场白中，他明确指出，我们之间既有相同的地方，也有不同的地方。相同之处在于"我和你们一样，都是真诚、实在的普通人"，不同之处在于"你们当中有些人向我发出警告，说要让我吃点苦头"，实际上，这就是提出了一个联言命题。接着，林肯以这一前提作为出发点，推出了我们之间那些相同的地方，讲自己与大多数听众一样，

"从小就靠着出卖劳动力养家糊口""也是千千万万爱好和平的普通百姓中的一员""你们的梦想,其实也正是我所渴望的"。通过归纳这个联言命题,我们可以得出如下结论:

我们之间有不同的地方,也有相同的地方;

因此,我们之间有相同的地方。

林肯这番演讲开场白之所以大获成功,主要原因就是他借助联言推理凸显了"我们之间有相同的地方",从而赢得了大家的认可与支持。

10

「 假言推理:酋长遇刺 」

关键词提示:假言推理、前件、后件

在学习数学时,我们经常会根据假设条件进行定理证明,假言推理与此类似,指的是根据假言命题的逻辑性展开的逻辑推理。假言推理可以分为三种形式,即充分条件假言推理、必要条件假言推理、充分必要条件假言推理。下面我们通过这个有关酋长遇刺的小故事来了解一下应该如何运用假言推理。

当时,一位来自非洲的酋长前往欧洲访问。一天,大约上午九点,酋长乘坐着一辆豪华的敞篷车,向坐落于市中心的银行大厦驶去。人群中有人举起手枪,连续开了5枪,其中有3枚子弹击中了酋长的要害部位,生命危在旦夕。很快,警方的弹道专家就分析了子弹的运行轨迹,并指出当时枪手是藏身于银行大厦的五楼向酋长射击的。警方马上将大厦封锁,经过一系列的排查工作,最后抓住了一名嫌疑犯,名为亨利。

亨利很不服气,大声嚷嚷道:"我是银行大厦里面的员工,你们凭什么抓我?"

警官说:"你别演戏了,你当时就是从大厦的五楼向酋长开枪的。"

"你有什么证据?"

"案发当天上午9点,你曾在大厦的5楼逗留,这还不能说明你就是那个枪手?"

亨利辩驳道:"那天我恰好去5楼送文件啊。更何况,又不止我一个人在5楼,你凭什么说我就是枪手呢?"

"别急,我们已经对你进行过深入调查,你手上确实持有一支意大利卡宾枪,而且正好是65毫米。半个月前,你以凯特的名字买下了这支枪。你买枪的时候为什么要用凯特这个名字,而不用你自己的名字呢?"在警察看来,这说明亨利预谋已久。

亨利说:"我的证件丢了,所以我用我哥哥的名字买了这支枪。莫非所有持枪的人都是凶手?"

接着,警察又给出了另一个重要原因:"我们经调查发现,你是一名优秀的射手,以前还在射击比赛中获过奖。只有足够出色的射手,才能在短短10秒内连续射出5枚子弹。而弹道专家的分析证明,枪手杀害酋长时正是在10钟内连续射出了5枚子弹。这足以证明你就是那个杀手!"

听罢,亨利生气地大吼:"你们是在冤枉我!"他拒不承认警方提出的指控,马上聘请了律师。法庭上,亨利的律师将警方提出的指控一一驳倒。最终,法庭宣布亨利无罪释放。

那么,为什么警方提出的指控无效呢?其实,警方的推理是有问题的,分别犯了肯定前件和肯定后件的逻辑错误,并没有遵守假言推理的必要条件和充分条件。那么,"前件"和"后件"究竟是什么呢?我们在逻辑推理时经常使用"⇒"这一推出符号,位于符号左边的内容是前件,位于符号右边的内容是后件,表达形式为"前件 ⇒ 后件"。

法庭上,律师有力地反驳了警方的指控。警方第一个指控的前件是"酋长遇刺时,只有在银行大厦5楼的人才有可能作案。当时亨利在大厦的5

楼"；后件是"亨利是凶手"。对此，律师指出，必要条件假言推理是不能从前件推出肯定后件的，因此，这个推理无效。

第二个指控是"凶手所持枪械为65毫米的意大利卡宾枪，而亨利正好有一把这样的枪，因此，亨利是凶手"。对此，律师反驳，必要条件假言推理是不能从后件推出肯定前件的，因此，该推理也不成立。

第三个指控是"只有出色的射手能在10秒内连续射击5枪，亨利是一名出色的射手，因此，他在10秒内能连续射出5枪"。律师反驳，这也是必要条件假言推理从后件推出肯定前件，因此，该推理也无效。警方提出了三个理由试图给亨利定罪，但其实这些理由在逻辑上都不成立，也因此无法断定亨利就是凶手。

11

「 二难推理：进退两难的囚徒困境 」

关键词提示：进退两难、囚徒困境

人们身处五彩缤纷的花花世界，但人类的思维常常是非黑即白的。大多数人都认为，在A和B之间只有一个是正确的，另一个则是错误的。在逻辑学中，这被称为"二难推理"。

二难推理是我们在生活中经常遇到并使用的一种逻辑推理方式，是假言选言推理最主要的一种形式，由两个假言判断和一个选言判断作为前提构成。一般来说，二难推理的结论可能是直言判断，也可能是选言判断，原因在于这种推理一般都反映了一种进退两难的困境，故而得名"二难推理"。二难推理就是利用选言判断对假言判断进行肯定或否定，从而肯定或否定假言判断的前件或后件存在或不存在。古希腊哲学家提出的"囚徒困境"就是一则有关二难推理的故事。

古希腊时期,有一位国王,每当到了秋季问斩的日子,就想处死一批关在监狱里的囚徒。按照当时的管理,最常见的两种死刑是绞刑和砍头。国王为了彰显民主精神,让囚徒自己选择一种行刑的方式,还制定了一套相关规则。囚徒在挑选行刑的方式时要遵循以下规则:囚徒任意说出一句话来,而这句话必须是可以立即验证真伪的。囚徒如果说了真话,则处以绞刑;如果说了假话,则处以砍头。结果,有的囚徒被处以绞刑,因为他们说了真话;有的就被处以砍头,因为他们说了假话;还有的说出来的话无法立即验证真伪,统统被视为假话,也被处以砍头;还有的过于紧张,半天也憋不出来一句话,被视为说了真话,处以绞刑。很长一段时间,没有一个囚徒能逃出国王精心设下的圈套,都被处死了。

但是,其中有一个囚徒却有着很强的逻辑思维能力。当国王的随从询问他选择哪一种行刑方式时,他只说了一句话,最终,国王只能释放了他。

那么,这个聪慧的囚徒究竟说了一句什么话呢?答案很简单,就是"要砍我的头"。这一句话一心求死,却让国王陷入了进退两难的境地。因为如果真的砍了他的头,那他说的就是真话,而按照规则,说真话应该处以绞刑。但如果把他绞死,那他所说的"要砍我的头"就成了假话,而按照规则,说假话应该被砍头。无论是绞死,还是砍头,国王都无法按照自己设定的规定来行刑。最终,国王只能无可奈何地放走了他。

就逻辑推理而言,这个聪明的囚徒让国王面临着一个左右为难的二难推理:

如果砍掉他的头,那么,国王就会违背自己设立的规则;

如果把他绞死,那么,国王也会违背自己设立的规则;

要么砍他的头,要么绞死他;

无论国王怎么做,都会违背自己设立的规则。

在"囚徒困境"中,囚徒正是巧妙地运用了二难推理,求得了一线生机。

第六章

逻辑命题

不假设,无逻辑

1

「 命题，逻辑推理的奠基石 」

关键词提示：命题、判断、陈述、基础

数学、逻辑学、哲学、语言学等多种学科里都涉及"命题"这一概念。所谓命题，指的是一个判断或陈述思维对象的句子，这种句子是对命题实际所表达的概念的反映，并且涉及真假值的有关问题。从数学的角度来说，命题一般是判断某一事物性质的陈述句，不同的陈述句表达相同的语义时，它们也表达相同的命题。

也许有人会说，我们日常的生活与逻辑学中的命题知识并未直接关联。然而，这是对命题知识的误解。实际上，我们在生活中无时无刻不在运用着命题，只是自己没有察觉而已。根据不同的形式和推理方式，我们可以将命题分为四种类型。

第一种，直言命题。人们又称直言命题为性质命题，这是一种简单命题，主要用来判断某一事物是否具有某种属性。我们经常听到人们说"……是……"或者"……不是……"之类的句子，其实就是直言命题。

第二种，选言命题。人们又称选言命题为析取命题。选言命题最常见的内容是"某一事物有几种性质或情况，其中至少有一种是真实存在的"。人们所说的"或者……，或者……""要么……，要么……""可能……，也可能……"等句子都是选言命题。

第三种，假言命题。人们又称假言命题为条件命题。假言命题是一种复合命题，"如果……，那么……"是最常见的一种表述形式。人们通常用假言命题来陈述某一种情况是另一种情况的条件。比如说，"只有……，才……"或"如果……，那么……"等句子都是假言命题。

第四种，联言命题。人们又称联言命题为合取命题，是一种复合命题，多用来反映事物同时具有几种性质或情况。在生活中，联言命题有着多种多样的表达形式，其中"……并且……"是最基本的形式。另外，"既……，又……""虽然……，但是……""不仅……，也……"等也是联言命题。

可见，在一天当中，我们都会反复使用各种命题，而且每个人惯常使用的命题类型也不尽相同。

那么，为什么我们能用多个内涵和外延各不相同的概念构建出一个完整的逻辑体系呢？其实，借助"命题"这一桥梁就能实现。命题是由一个或多个概念集合构成的陈述或判断，用来描述各事物之间的关系。比如说，"女汉子"是一个概念，"导致女汉子的原因在于不拘小节，任何事都靠自己做"是一个命题。在学校里，我们要学习各种数理化的公式、定理、法则等，也都是命题。

学者在进行学术研究时，会根据所掌握的知识和信息提出一个命题。当还没有对命题进行有关的调查、证明或研究时，它就是一个假设，换言之，命题的一种形式就是假设。学者撰写的各种学术论文其实就是经过一系列严密的逻辑推理来证明某个假设成立或某个命题符合客观事实。比如，最初由波兰天文学家哥白尼提出的"日心说"只是一个假设，后来，经过一系列天文观测数据的佐证，才被证明是命题。而从天文学的层面来说，他对欧洲传统的"地心说"提出反对，也是一个命题。

无论是假设，还是命题，都没有对错之分，而需要人们借助严密的逻辑思维进一步论证。专家学者在进行学术探讨时，其实就是围绕着一系列命题和假设展开的。我们在平时生活中也会对许多未知状况提出一连串的假设，同时，也会把许多已知信息进行整理，成为一连串的命题。但是，人们更习惯于将这些假设或命题称为观点。也就是说，我们阐述自己的观点，就是提出了一些命题或假设，并展开逻辑推理。

命题，一门恰当判断的艺术

关键词提示：判断、真假、艺术

我们的日常交流中其实包含着大量的价值判断，而命题是一门判断的艺术，直接关系到人们是否能正确认识事物。大多数人并没有系统地学习过逻辑学的相关知识，但是，他们可以自觉地利用命题进行判断。运用命题进行推理与验证，就能判断一件事是正确的或错误的，一个言论在逻辑上是否成立。下面这个阿凡提的故事更是将命题判断的艺术展现得淋漓尽致。

在新疆地区的民间传说里，阿凡提是当地的一位智者，常常与那些狡猾贪心的财主恶霸斗智斗勇。一天，阿凡提在巴依老爷的饭店里吃了三枚煮熟的鸡蛋。当时他身上没带钱，于是，他向巴依老爷承诺，下次再来镇上一定补上欠的钱。让他没想到的是，一桩纠纷由此引发。

三个月后，阿凡提再次来到这个小镇。他马上去那家饭店还钱："几个月前我在店里吃过三枚煮鸡蛋，应该付多少钱给您呢？"

巴依老爷低下头，把算盘拨得"噼里啪啦"响，接着伸出左手的五根手指头："一共是500元！"

阿凡提被吓了一跳，问道："500元？三个煮鸡蛋就算是连本带利也值不了这么多钱啊！您是不是算错了啊？"

巴依老爷嘴角挂着一抹狡猾的微笑，说："阿凡提啊，我算你500元已经是优惠了。你想想看，如果你没有吃掉这三枚鸡蛋，它们不久后就会被孵化成三只母鸡。鸡生蛋，蛋生鸡，如此往复。假如说一只母鸡在三个月的时间里能产下50枚蛋，那么，三只母鸡三个月时间里一共就能产下150

枚蛋。而这150枚蛋又会被孵化成小鸡崽子，小鸡崽子长大了，成了母鸡，又可以接着下蛋。这么算下来，远远不止500元啊！"

显然，巴依老爷就是一派胡言。阿凡提当然不肯让步，于是与对方争执起来。巴依老爷眼见着不能如愿讹到500元，就去法官大人那里状告阿凡提。阿凡提曾经也触怒过这个法官，于是，他一心想帮巴依老爷胜诉，让阿凡提付给他500元。对此，阿凡提心里跟明镜似的。他很快计上心头，想出了一个好主意。

审判当天，法官、巴依老爷以及一大群等着看好戏的围观者眼巴巴地等到了中午，还是没看见阿凡提的影子。于是，法官派人去催促阿凡提。又过了好一阵子，阿凡提才匆匆赶到法庭，手里还举着一把大勺。

法官见状，生气地吼道："阿凡提，你的胆子真大啊！居然迟到了这么久！"

阿凡提笑着不慌不忙地说："法官大人，我和邻居合伙种了几亩田，明天就到了播种的日子了。我们刚才正在忙着把麦种炒熟呢，所以才来迟了。请您见谅！"

在场的围观群众听了，哄堂大笑起来。法官的脸色愈发凝重，说："阿凡提啊，阿凡提，枉你聪明一世，居然敢戏弄我。你把麦子都炒熟了，怎么用来做种子呢？"

阿凡提听了连连点头，说："法官大人，您说得太对了！我把麦子炒熟了，哪怕把它们播种到土地里，也不可能生根发芽，长出麦苗来。既然这样，我倒是想问问巴依老爷，为什么麦子被炒熟了长不出麦苗来，鸡蛋煮熟了又如何能孵化出小鸡来呢？"

听了阿凡提的话，法官与巴依老爷面面相觑，竟不知如何作答。于是，法官只能判阿凡提胜诉，不用支付那500元。

在上述案例中，巴依老爷为了逼迫阿凡提就范，提出了一个有悖于客观事实的命题。但是，阿凡提并没有掉入逻辑陷阱里，而是将计就计，接着提出了一个性质相同且无法成立的命题，一针见血地指出了巴依老爷所提出的命题的逻辑漏洞。

3
「 错综复杂的命题与语句 」

关键词提示：语句、命题、关系

陈述句、祈使句、疑问句、感叹句等都属于语句，其中命题是一类特定的语句，"如果……，那么……"是命题最基本的形式。命题与语句之间的关系错综复杂，一般来说，可以分为以下三种情况。

第一，同一个语句表达不同的命题。比如，"一个小男孩在火车上画画"就有两种不同的理解：一种是"一个小男孩坐在火车上画着画"，另一种是"小男孩将画画在了火车上"。可见，在日常交流中，我们必须充分分析说话者所处的场景，在相应的语境下才能准确地理解语句所表达的命题。

同一个语句常常可以表示不同的命题，有的人还经常几次来达到一种幽默的艺术效果，比如下面这个小故事。

一位老太太在一家化妆品店里买了一些化妆品，离开了一个小时，又匆匆赶了回来。她喘着粗气，对服务员说："你好！我刚在你这儿买了化妆品，你在找钱时算错了50块钱。"听到这儿，服务员脸拉了下来，说道："您为什么当时没发现呢？"老太太解释道："我是回到家里才发现的。"服务员不悦道："过了这么长时间，您才来找我，这哪里还弄得清楚呀？您赶紧走吧，这事找我们领导都没用了。"

看着服务员一副不容商量的架势，老太太叹了一口气，说："唉，那好吧。看来我只能收下这50块钱了。"服务员这才反应过来，马上脸上堆起了笑容，说道："阿姨，您怎么不早说呢？对不起！是我刚才态度不好。"

这个故事里，老太太说的"找钱时算错了50块钱"这个语句有两种理解：一种是"服务员多找给了顾客 50 块钱"，另一种是"服务员少找了顾客 50 块钱"。而老太太说这句是为了表达"服务员在找钱时多找给了她 50 块钱"，服务员却误以为老太太是要表达"自己多收了她 50 块钱"。于是戏剧性的一幕由此上演。

第二，语句不同，也可以表示同一命题。掌握了命题与语句之间关系的这个特点，在说话或写文章的时候，能更加生动活泼，富有变化性。利用不同的语句来表示同一命题，有时候，还可以比较婉转地说出某些不便于直说的命题。

将军约翰与医生乔治是好友。一天，乔治来到约翰家里做客。饭后，两人闲聊起来。医生对将军手里掌握着的军事秘密很好奇，于是反复询问将军最新的信息化作案战略是什么。将军左右为难，因为他不能泄露军事机密，但是，如果他生硬地拒绝交流，朋友的面子上又过不去。将军想了一会儿，计上心头来，说道："兄弟，你能为我保守住这个秘密吗？"乔治连连点头，答应道："放心吧！我肯定会守住这个秘密的。"怎料，将军马上说道："那真是太好了！我也肯定能守住这个秘密！"说完，两个好朋友相视一笑，开始聊其他话题。

在故事里，将军并不愿意泄露军事机密，于是他巧妙地使用了"你能为我保守住这个秘密吗"这个不同的语句来委婉地表达同一命题。这样一来，既不会让好友难堪，又守住了秘密。在日常生活中灵活运用不同语句来表达同一命题，还能使表达更幽默得体。比如，同样是立在草坪旁的标语，"小草在睡觉，不要打扰她"就比"严禁践踏草坪"更容易让人接受。

第三，有时候，命题不一定必须用语句来表达。在某些特殊的语境下，人们借助一个表情、一个动作、一个标点都能很好地将命题表达出来。

大文豪雨果完成了《悲惨世界》的创作，将稿子寄给了出版社。之后，他每天都会去查看邮箱，盼望着出版社的答复。雨果足足等了 4 个月，还是没有任何音信，他终于忍不住了，给出版社写了一封信，信的内容只有一个大大的问号"？"。不久后，雨果收到了出版社寄来的回信，信的内容也只有一个大大的感叹号"！"。收到这封信后，《悲惨世界》很快就在法国顺利出版了，之后在世界文坛引起了热烈反响，成了当年最受人们追捧的书。

故事里，双方在信里都只用了一个标点符号来表达命题，但是所表达的意思却很明确。雨果用"？"问出版社："对我的作品是否满意，需要进行修改吗？"而出版社则用"！"答复雨果："你的作品棒极了！肯定要出版！"

4

「 立论的严密性，逻辑推理的生命 」

关键词提示：论点、严密、成立

专家学者在撰写学术论文时，一般会提出某个命题或假设，并围绕着它展开论述。命题实际上是由多个概念集合组成的，因此，在论文开篇部分，一般会对各种概念进行细致的梳理与阐述。梳理清楚了概念，自然也弄清楚了命题的内涵和外延。接着，就可以按照已经掌握的信息进行逻辑推理，一步步论证，对命题里那些疑点和难点进行阐述说明。

可以说，立论严密与否是逻辑思维的生命。我们借助简单的生活经验并不足以论证一个假设的命题是否成立，而是需要进行一系列严密的逻辑推理来自圆其说。比如，警察锁定了一个嫌疑人，这就相当于提出了一个假设。接着，就要通过有关证据和逻辑推理来论证这个假设成立与否。

生活中，每个人都不可避免地会提出各种命题或假设，但有的假设是完全经不起推敲的。比如，古代人都将"地球是一个平面"这个假设视为客观事实，然而，这个假设其实在逻辑上是站不住脚的。

古时候，人们的观测技术很落后，很难探测到超出人类肉眼所及的事物。他们根据生活经验得出了一个结论：地面上虽然分布着山川河流、高地深谷，但是，就整体来说，地球是一个平面的。然而，航海家在茫茫大海上航行，客观事实告诉他们这个假设是不成立的。人们站在海边，远远地眺望着出海的船只渐行渐远，最终"沉"在了海平面以下。如果地球是一个平面，那么，海洋也应该是平面，在航行的过程中，船就不可能在海平面之下消失。

根据上述观察到的客观现象，人们提出了一个新的假设，即"地球是圆的"。在逻辑上，这个新假设可以解释船只消失在海平面以下的现象，而观测数据最终也证实了这一点。

可见，我们应该先梳理一下逻辑确保其通顺，才能尽可能提出有意义的假设。

身份设定不同，相应地，性格与社会背景也会不同，因此，人们一般很难同时驾驭两个身份，同时向周围的人展现截然不同的逻辑行为。但那些高智商的罪犯尤其擅长利用各种虚假身份在各个社会圈子里游走。

一股跨国的黑帮势力常年在美国南卡罗来纳州活跃着，他们四处走私军火、贩卖毒品。联邦调查局甚至成立了专案组，专门对付他们。警员马丁在分析案情时发现，每一起案件里，几乎都有一个看似无关痛痒的人物漏网了。比如，最近侦破的案件里，一个名为迈克尔的医生人间蒸发了，而之前的两起案件中，程序员林恩和会计德鲁是漏网之鱼。

很快，马丁又发现以上这些人物有一个共同之处：无论他们表面上是什么身份，但实际上他们都负责帮助黑帮联系买家，也就是说，黑帮的消息渠道掌握在他们手里。经过专案组的分析，最后得出的结论是，这三个人其实是同一人捏造出来的几个不同的身份。一旦捕获了这个关键性人物，就一定能进一步摧垮黑帮组织。

很快，马丁在一起案件中抓获了一个名为里昂的酒店大堂经理，根据线人提供的情报，此人就是这次黑帮交易的中间人。里昂很快被警方传讯了，但是他不仅有着极高的智商，而且还很冷静，面对警方的讯问，始终应对自如，不紧不慢。他让所有警员都印象深刻：这人拥有惊人的记忆力。但审讯时，马丁警员曾用之前的化名来试探里昂。当听到"程序员林恩"时，里昂眼中闪过了一丝迟疑。这个细节自然没有逃过马丁的火眼金睛。

　　警方对案件的调查越来越深入，各种线索都指向里昂。可见，他确实是黑帮组织的操作者。但是，要怎样才能让他乖乖服法认罪呢？

　　一天午后，里昂照例接受警方的反复审讯，他仍旧对答如流。经过了数小时的一问一答，突然，马丁发问："我们查阅了你们酒店的客户入住登记，今年3月15日夜晚，迈克尔会计和德鲁医生是否在你们酒店入住过？根据酒店记录，你那天刚好值班。"

　　里昂想都没想，马上说道："不可能，他们两个人不可能在我们酒店同时入住。而且迈克尔是医生，德鲁才是会计。"

　　听完，马丁笑了："之前审讯的时候你还说自己不认识他们。为什么现在却一口咬定他们不可能在你们酒店同时入住呢？可见，你不仅认识他们，而且跟他们很熟，因为这两个人都是你捏造出来的假身份。试问一下，除了本人之外，还能有人对两名逃犯的实际情况这么了如指掌呢？"经过这一连串的拷问，里昂的心理防线被彻底击垮了。最后，他如实供认了自己的种种罪行。

　　在这个案例中，马丁警员提出了一个假设，最终成功戳穿了里昂的谎言。他首先假设这几桩案件里的漏网之鱼都是同一个人捏造的虚假身份，那么，只有罪犯本人才能了解这几个假身份的所有情况。因此，除了罪犯之外，其他人不会知道这几个人其实是同一个人。而里昂在审讯过程中却自作聪明，说漏了嘴。

5

直言命题：是金子就会发光

关键词提示：性质、简单命题

"是金子就会发光"不仅是一个陈述句，还是一个直言命题。大多数人可能并不知道"直言命题"究竟指的是什么，但是，我们其实每天都有意识或无意识地使用着直言命题。以下几个例子其实都是直言命题：

（1）北京大学和清华大学都是中国一流大学；

（2）东京是日本的首都；

（3）霸王龙不是体形最大的恐龙；

（4）数学中很多三角形都是等腰三角形。

直言命题又被称为性质命题，是逻辑命题中比较简单的类型，主要是用来判断某一事物是否具备某种属性。简言之，就是进行"是"或"不是"的判断。

古希腊哲学家亚里士多德是历史上最早研究直言命题的人，但是，他并未直接提出"直言命题"这一概念，而是称其为"简单命题"。德国著名古典哲学家康德则称"直言命题"为"实然命题"，所谓"实然"就是"断言"，也就是判断性质的意思。

"井底之蛙"是一个为人们所熟知的小故事，里面就涉及直言命题。

一条小河边有一口古井。有一天，一只河蛙在河畔玩耍，不小心掉进了井里。它苦苦琢磨着怎么才能重新回到河里，结果遇上了住在古井里的井蛙。两只青蛙很热切地聊了起来，还成了朋友。井蛙眉飞色舞地对河蛙炫耀道："你知道吗，天底下数我最能干，既会蹦又会跳，算得上是跳高大

第六章 逻辑命题：不假设，无逻辑

王了。你看看，这口井都是我的地盘，里面的小虫子、小鱼都要乖乖听我的话。"听了这番话，河蛙连连摇头。

井蛙看了河蛙的反应，生气地说："怎么，你不相信？不信的话，我就让你见识见识我的厉害！"

河蛙不屑地说："朋友啊，你就是在吹牛。你知不知道天有多大？"

井蛙冷笑一声，说："天有多大，你居然连这种蠢问题都问得出来？你抬头看看就知道了，天只有这个井口这么大！"

"朋友，你说错了。天很大很大，浩瀚无边。"

井蛙自然不信，它指着头顶的井口，反驳道："一派胡言！天不可能比井更大。"

于是，河蛙说："看来我也说服不了你。不如这样吧，等到雨季，井水涨满时，咱俩跳到井外去，看看天究竟有多大。"

这两只青蛙谁也无法说服谁，都扭过头去，生起了闷气。很快，雨季就来临了。一场大雨过后，井水涨了起来。于是，两只青蛙一起从井里跳了出来。井蛙抬头一看，瞬间目瞪口呆："啊！天居然这么大，一望无际！河蛙，对不起，是我说错了。"回想起自己在井底咄咄逼人的样子，井蛙羞愧地低下了头。

在这则故事里，面对"天究竟有多大"这个问题，井蛙其实运用了一个直言命题来作答，那就是"天就是一个井口那么大"，言下之意"整片天空只有井口那么大"。然而，事实证明，井蛙提出了一个错误的直言命题。可见，即使是最简单的直言命题，也有真假之分。

日常生活里，有些热点话题经常会引起人们广泛的争论，而这些热点话题可能就是直言命题。其中一个典型的例子就是有关简体字与繁体字之争。

文字是人们书写与交流的工具，承载着源远流长的民族文化。在中国，大陆主要使用简体字，而港澳台地区主要使用繁体字。于是，社会各界就哪种字体才是中国的正统文字展开了激烈的争论。我们在这里无意讨论这场辩论的是与非，而是来看看直言命题在辩论中发挥的作用。

"简体字不是经历史演变得来的产物"是一个单称否定命题,但这也是一个"假"的直言命题。因为如今我们使用的大部分简体字都是从古时候就出现的写法演变而来的。此外,"繁体字是自古以来正统的汉字书写形式"是一个单称肯定命题,但这个直言命题也不是"真"的。纵观汉字的发展历程,甲骨文、金文、石鼓文、篆书、隶书、行书、草书、楷书等五花八门的形式相继出现,相较于最开始的样子,很多字形后来发生了翻天覆地的变化。可见,这个直言命题与客观事实不符,在逻辑上站不稳脚跟。

可见,判断一个直言命题成立与否,还要看它是否与客观事实相符。

6

「 假言命题:常在河边走,怎能不湿鞋 」

关键词提示:条件、假设

近年来,时空穿越故事风靡一时,这类故事最基本的出发点是现代人如果能穿越时空,回到过去,就能改写历史。作家为了把类似的故事说圆,就会想方设法构建一套看似可行的世界观,假设一系列条件,通过大胆的想象力让这段时光旅行成真。且不论这些假设是否以现代物理学和天文学假说作为基础,但它们实质上都是假言命题。

假言命题是一种复合命题,又被称为条件命题,主要用来陈述某一事物是另一事物或某一情况是另一情况的条件。假言命题最常见的形式是"如果A,则B"。前一个肢命题是"前件",表示的是"条件";后一个肢命题是"后件",表示的是依赖条件而得以存在的事物或情况。比如上文提到的"现代人如果能穿越时空,回到过去,就能改写历史","前件"就是"现代人如果能穿越时空，回到过去"，"后件"就是"就能改写历史"。总而言之，假言命题的本质就是假设某种情况作为条件是成立的，进而推导出另一种情况作为结论。

我们在日常生活中也接触并使用过大量假言命题。比如"守株待兔"和"揠苗助长"这两个成语都是在运用假言命题。

那个守株待兔的农夫有一个默认的前提条件：如果在树下等着，就会有兔子出现；如果兔子出现了，它就会撞到树干上。农夫假设的这些"前件"是不成立的，而"后件"依赖前提条件而存在，自然也违背了客观事实。事实上，虽然兔子偶尔会撞在树上，但这种现象不会规律性地反复发生。

揠苗助长也是一样的。农夫认为，如果把禾苗拔得好一些，它们就会长得更快。农夫的做法违背了自然规律，因此，他提出的假设本身是不成立的。但是，假言命题并不一定必须是真的。显然，揠苗助长是一个错误的结论，但农夫的逻辑思维与假言命题是相符的。

在《安徒生童话》中那则著名的"国王新衣"就是假言命题的经典案例。

当时，有一位国王很爱美，喜欢穿各种漂亮的新衣裳。为了买漂亮衣服，他不惜斥以重金。有人发现这是一个赚钱的好机会。于是，他们来到国王面前，告诉他，他们能做出世上最漂亮的衣服，但是，那些愚蠢的人或不忠的人是看不见这件漂亮衣服的。国王听了很高兴，马上交给他们一箱子黄金，让他们立即开始着手做衣服。此外，国王还派人送来皇宫里最昂贵的生丝。

这些人摆了几架织布机，每天假装在织布，忙碌到深夜。几天时间过去了。国王很关心新衣服的制作进展，又怕自己看不到新衣服，于是派出两名最诚实的官员去打探情况。官员来到骗子那里。骗子说得天花乱坠，描述着这件衣服是如何华美。但是，两个官员却惊恐地发现自己什么都看不到，唯恐戴上愚蠢之人或不忠之人的帽子。于是，他们只好向国王撒谎，说自己看到了一件美妙绝伦的衣服。最后，骗子谎称衣服已经做好了，并把它呈到国王面前。国王却吓傻了：自己居然连一根生丝都看不到！为了证明自己是一个聪慧、忠诚的好国王，他只能竖起大拇指称赞这件华美的新衣服。最后，国王赏赐给几个骗子一大笔酬金，还一丝不挂地在大街上游行。

那么，为什么国王和大臣们分明什么都没看见，还要说自己看见了那件华美的新衣服呢？骗子又是如何成功地骗过了所有人呢？这是因为他们相信了骗子的话——"那些愚蠢的人或不忠的人都看不见这件漂亮衣服"，唯恐让其他人以为自己是愚蠢的或不忠的。而骗子说的话其实是一个错误的假言命题，在这个命题里的前提与结论之间没有必然关系，也就是说，"那些愚蠢的人或不忠的人"并不是"都看不见这件漂亮衣服"的必要条件。事实上，无论愚笨与否，也无论忠诚与否，任何人都看不见"新衣服"。骗子很狡猾，把非必要关系说成了必要关系，从而让国王和大臣们都掉入了他们精心设下的逻辑陷阱里。

7

选言命题：宁为鸡头，不做凤尾

关键词提示：选项、相容、不相容

在生活或工作中，我们总是面临着各式各样的选择。比如说，下午茶是喝咖啡还是喝茶，开车是打左转灯还是打右转灯，是明天出发还是后天出发。可见，在不经意之间，我们已经完成了许许多多"选言命题"。

其实，"宁为鸡头，不做凤尾"这句俗语就能生动地诠释选言命题这个概念的内涵。选言命题又被称为析取命题，它所反映的对象具有好几种性质，其中至少有一种性质是真实存在的。比如说"宁为鸡头，不做凤尾"这个选言命题提出了两个选项，即"鸡头"和"凤尾"。

根据选项之间是否有并存关系，选言命题可以分为两个类型，即相容

第六章 逻辑命题：不假设，无逻辑

选言命题和不相容选言命题。比如：

（1）这批冰箱滞销的原因可能是价格太高，也可能是质量不好；

（2）职场上，人们为了争夺名利尔虞我诈，抱着不是鱼死就是网破的心态，这是很不好的。

例1指出冰箱滞销的两个原因是"价格太高"或"质量不好"，这两个可能的原因可以并存，因此，是相容选言命题。而不相容选言命题中的选项则是不能并存的，比如例2中的"鱼死"和"网破"这两种情况是不会同时发生的。

下面这个小故事里，狡猾的律师就是运用选言命题来赖账的。

有个律师很狡猾，在当地以爱赖账而闻名。有一天，律师的母亲突然病危，被送往医院急救。律师请求医生说："请您无论如何要救救她。无论您是把她救活了，还是误诊医死了她，我都会支付您所有的酬劳。"此前，医生就早有耳闻，知道这个律师很会赖账，但是，他还是相信了律师的承诺，开始全力救治律师的母亲。但是，病人的病情太严重，医生最终无力回天，只能无奈地宣布抢救无效，病人死亡。医生安慰了律师几句，就走了。几天后，他来到律师的办公室，要求对方支付酬劳。

怎料律师说翻脸就翻脸，生气地问："我母亲是您误诊医死的吗？"

医生否认道："并不是。您母亲的病情太严重了，无论是诊断，还是用药，我都没出错。"

律师接着问道："那您救活她了吗？"

医生解释："没有救活。您也看到了，我已经尽力抢救她了，但她的病情太重了。"

律师说："很抱歉，那我就不用支付您酬劳了。按照当时我的承诺，既然您没有把她救活，也没有误诊医死她，我就不用付您酬劳了。"

为了抵赖，律师进行了如下狡辩：如果您把她救活了，那么，我就支付酬劳；如果您误诊医死了她，那么，我也支付酬劳。这正是律师提出的支付酬劳的前提条件。言下之意，如果医生既没有误诊医死她，也没有救活她，律师就不用付给医生酬劳。这个狡猾的律师正是利用相容选言命题让医生钻进了他设下的逻辑圈套里。

8

「 隐含命题：隐形的巨大能量 」

关键词提示：隐含命题、弦外之音

所谓隐含命题，就是人们在陈述或表达自己观点的时候不采用显而易见的方法，而采用比较隐晦的方法来表达，也就是在一个命题里还含有另一个命题。我们在生活中也会经常遇到这种情况，这时，千万不能被语句的表面意思所蒙蔽，要认真思考，厘清逻辑，才能发现命题要表达的真正意思。我们熟悉的成语"秀色可餐""指桑骂槐"等都含有隐含意义。正所谓"听话听声，锣鼓听音"，在日常交际中，我们不能局限于语句的表面意思，必须听懂对方的"弦外之音""言下之意"，才能准确把握对方的意思。

一个关于驼背老鼠的故事就是灵活运用隐含命题的经典案例。

在一个电视访谈类节目里，一位知名演员提起了一桩往事。当时，他在县城上班，还没有成家，就住在一家旅馆里。他生动地说道："当时住的那家旅馆卫生条件比较差，房顶也很低，连住在里面的老鼠都驼着背。"而那家旅馆的老板碰巧也看了这个节目，还认出了这位演员。他很生气，立即跑去法院，提出要告那位演员诽谤。他还向法官诉苦，说当年自己让这位先生住最好的房间，但是，这位先生非但不领情，还四处诋毁他。

法院受理了此案。不久后，传票就送到了演员手里。接着，演员赶去法院与旅馆老板见面，协商此事。老板要求，如果他能当面道歉并更正之前的说法，就不再追究。演员唯恐此事越闹越大，影响自己的事业，就答

第六章 逻辑命题：不假设，无逻辑

应了老板的要求。几天后，他出现在了同一档电视节目里，并郑重声明道："各位观众朋友，我前不久在节目上说，当时住的旅馆里的老鼠都驼着背。我说错了，现在，我郑重地向旅馆老板道歉并更正我的说法：那家旅馆的老鼠没有一只驼背的。"

故事里的演员灵活地运用了隐含命题达到了讽刺旅店老板的目的。他看似向旅店老板道歉了，实际上，他提出了一个命题"那家旅馆的老鼠没有一只驼背的"，另一个命题就隐含在这个命题中，即"我住的那家旅馆里有很多老鼠"。可见，他在节目上的一番话看似诚恳地道歉，其实是利用隐含命题再一次辛辣地讽刺了旅馆的住宿条件。

其实，隐含命题在生活中随处可见，我们要学会发现并分析它们。

在火车站的候车大厅里，有名乘客坐在椅子上，埋头看着手机。不一会儿，他想从自己放在旁边椅子上的旅行包里拿些东西，却发现自己的旅行包早已不知去向。他赶紧四下环顾，只见前面有个高高瘦瘦的中年男子正提着他的旅行包，大步朝候车厅的大门口走去。

见状，乘客一个箭步冲上去，喊道："你干吗拿我的包？"

那个中年男子愣了一下，马上把包还给了乘客，说道："对不起，我的包和你的一样，是我拿错了。"说完，他接着向大门快速走去。

站在一旁的执勤民警小李看到了这一幕。他觉得其中有蹊跷，马上冲上去，将男子拦住，追问道："你不拿自己的旅行包了？"那人被他问得哑口无言。于是，小李带着他去了火车站派出所。经过一番审问，此人果然是一个小偷，经常出没于当地的各大车站，趁机偷人钱财。

那么，小李为什么能迅速发现其中不对劲的地方呢？因为男子说的"我的包和你的一样，是我拿错了"这句话其实是一个命题，而其中又隐含着另一个命题，即"他应该去取回自己的旅行包"。小李有着敏锐的侦察直觉，立刻发现了这个隐含着的命题。那个人归还旅行包后，并没有折回去找自己的包，而是急着逃走。于是，小李心中产生了怀疑，认定这是一个经常在火车站流窜的惯犯。

9

「　关系命题：避免一厢情愿　」

关键词提示：对称、非对称、传递、非传递

关系命题是一种简单命题，主要用来陈述事物之间的关系。在逻辑学中，关系命题可以分为多种类型，包括对称关系、非对称关系、反对称关系、传递关系、非传递关系等。关系命题主要用来判断事物之间具有或不具有某种关系。比如：

（1）变量 A 和变量 B 的值相等；

（2）上海位于天津和广州之间。

例 1 表示的是数量关系；例 2 表示的是地理位置上的关系。

我们可以看一下徐向前元帅的这个小故事，来进一步了解对称的关系命题。

1948 年 3 月，解放战争战火纷飞。晋察鲁豫等军区的 6 万多解放军在徐向前元帅的指挥之下，开始进攻山西临汾。随着这场战役拉开序幕，敌人迅速占据了有利地势，开始负隅顽抗。这场战役打得很激烈，双方伤亡都很惨重。当时，我军的一些基层干部的士气遭到重挫，在私底下议论，觉得无论如何都攻不下临汾了。在这个危急关头，为了鼓舞士气、稳定军心，徐向前元帅马上召开大会。他在会议上说道：现在是我们最艰难的时刻，同样也是敌人最艰难的时刻。当我们的意志开始动摇时，敌人也正感到绝望。因此，我们要坚信，谁能坚持到最后一刻，谁就是赢家。徐向前简短的一番话准确地判断了敌我双方的形势，极大地振奋了军心。最后，我军一鼓作气，接连发起多次有力的强攻，经过两个多月的鏖战，最终将敌军全歼。

在如此危急的情况下，为什么徐向前元帅能保持冷静，正确地判断敌我双方的情况呢？因为他在丰富的实战经验的基础上巧妙地运用了对称关系的命题来鼓舞士气。在他提出的命题中，"我们最艰难"与"敌人最艰难"是对称关系；"我们意志动摇"与"敌人感到绝望"也是对称关系。基于以上两层对称关系，结论已经显而易见：谁能坚持到最后，谁就能赢得这场战争。

其实，我们在生活中经常会遇到形形色色的关系命题，我们有时还会错把非传递关系当成传递关系，比如下面这个案例：

小明趁着暑假初次去北京游玩，在北京定居的表姐和舅舅来招待他，带着他去北京各大名胜古迹游玩。当天晚饭时，小明问他们住在哪里。表姐说："我家在颐和园附近。"接着，舅舅也说："我家离颐和园也挺近的。"小明一听，又问："那你们两家应该离得也挺近吧？"表姐和舅舅听了连连摇头，说："其实我们两家离得挺远的。"小明听了有些摸不着头脑，这到底是怎么回事呢？

为什么表姐和舅舅家离颐和园都挺近，但彼此之间却离得挺远呢？原因在于他们所说的"离……很近"是非传递关系，而不是传递关系。也就是说，虽然他们两家离颐和园都很近，但这并不意味着他们两家离得很近。事实上，表姐住在颐和园的南边，舅舅住在颐和园的北边。小明把非传递关系当成了传递关系，才被弄晕了。

10

「 用对命题，严密推理的基础 」

关键词提示：分辨、命题类型

只有恰当地运用命题，才能展开严谨的逻辑推理。2012年，哈佛大学心理学系开展过一项研究，其结果表明：那些逻辑推理能力较弱的人常常不能正确分辨不同类型的命题。比如，他们常常按照论证传递关系命题的推理方式来论证非传递关系命题。又或者不能准确区分充分条件、必要条件和充分必要条件，混淆了这三种假言命题。

好几代逻辑学家苦心孤诣，才将命题类型和逻辑推理公式总结出来，就是希望将逻辑思维的精确性贯彻下来。就像那些模糊不清的概念，前提条件不明确的命题会严重影响逻辑的严密性。而二者的区别在于，概念谬误会使逻辑推理没有正确的已知前提，而用错了命题则会使推理方式漏洞重重。

在侦查破案时，逻辑推理一直是一项重要手段。古时候，人们并不了解以数学作为基础的系统逻辑学，侦查技术也很落后，但是，他们仍然可以运用逻辑推理一步步拨开案情的迷雾。

杭州的胡老五与万金荣是一对好友，他们一起做生意，用船将货物运往南方各地。一次，他们租下了船夫李春水的一条船。那天，两人把货物都装上船，约定好第二天五更时分在船上碰头。

第二天四更，胡老五就起床了。他拿着一个装着衣服和三百两银子的包袱，与夫人告别，然后奔向码头。怎料，他自此下落不明。眼见着已是五更，万金荣左等右等，却不见胡老五露面，心里越来越急。于是，他让

第六章 逻辑命题：不假设，无逻辑

李春水去胡家催促胡老五快一点。

当时，天已经亮了。李春水一边用力敲着胡家的大门，一边高声喊着："胡夫人，胡夫人，快开开门呀！"

门刚打开，李春水忙问道："夫人啊，你家老五怎么还没去码头呀？"

胡夫人听了感到很奇怪，说："我相公明明四更天就出发去码头了。不可能现在还没到码头！"李春水赶快赶回码头，通知万金荣。人们这才知道，胡老五居然神秘失踪了。人们到处去找，还是不见老五的踪影。胡夫人没有办法，只能去官府报案。

三人在官府录了口供，但县令并未发现任何有用的线索。他派出一众衙役，去各处搜查，仍未找到胡老五。案子过去了很多天，却毫无进展。

这时，正巧李师爷出公差回来了。他有着丰富的破案经验。他仔细翻阅了有关此案的卷宗，很快就发现了一个疑点，马上派出衙役，将李春水抓来官府。对此，县令感到很困惑。

只见李师爷将李春水几日前的供词一把摔在他面前，问道："万金荣托你去胡家找老五。你到了胡家，敲门的时候只是呼喊胡夫人，却一声胡老五都没喊过。这是为什么？"

李春水一时语塞，半天没出声。

李师爷接着说："让我来告诉你为什么吧。这是因为你知道胡老五当时根本就不在家。"

经过一番审讯，李春水很快就招供了。原来，那天刚过四更，胡老五就在万金荣之前来到了河边。登船后，他开始收拾包袱。李春水无意间看到了里面白花花的银子，顿生歹念。于是趁着周围没人，杀害了胡老五。后来，他将几块大石头绑在胡老五的尸体上，将尸体投入河中，销毁了罪证。接着，李春水又若无其事地等着万金荣上了船，甚至还装模作样地跑去胡家寻找胡老五。

当时，胡老五的尸体已被沉入河底，活不见人，死不见尸。这起案件因为缺乏证据而没有丝毫进展。然而，李师爷经验丰富，他很快就从记录案情的卷宗中找到了一个疑点：万金荣托李春水去找胡老五，但他并没有喊胡老五的名字，而只喊了他的夫人。

据此，李师爷提出了一系列命题：敲门时，李春水没有喊胡老五，因为他知道胡老五根本就不在家；而万金荣让李春水去催胡老五，说明他认为胡老五还没从家里出发；而李春水此前一直在船上等着胡、万二人，按常理来说，他应该和万金荣一样，认为胡老五还在家里；而胡夫人只知道胡老五四更天的时候出了门，却不知道他没有上船。

综合以上命题，既知道胡老五不在船上，又知道他不在家里的人，应该就是他失踪之前最后接触到的人，即凶手。李师爷排列出这些充分条件和必要条件，最后，只有船夫李春水符合这些条件。

第七章

归纳逻辑

差之毫厘，谬之千里

1

「 有逻辑地归纳信息 」

关键词提示：信息、归纳

当今时代，社会竞争愈演愈烈，一个人如果想在社会上立足，不仅要付出努力，还要具有高智商。如今，人才竞争正逐步进入高智能化阶段，人们越来越强烈地感受到，拥有足够的知识储备还不足以应付当下的竞争。因为知识本身并不能教会我们如何运用它们来处理形形色色的问题，也不能教会我们如何随机应变，因此，我们必须运用人脑的思维能力来应对越来越复杂的处境。

如果用心观察一下身边的人，你很快就会发现，那些人群中的优异者总是有着很强的逻辑思维能力，能根据归纳逻辑的形式来分析和处理各种重要信息并充分利用其中有价值的信息。

所谓逻辑归纳就是在细致观察的基础上进行推理，得出可靠的结论，再遵循逻辑的规律归纳总结单一结论，最后总结出隐含在其中的规律。正确合理的归纳论证往往能通过事物的普遍存在性寻找到与这种存在关系相符的规律，但是，总有一些特例存在，归纳出的规律不一定适用。

任何学科领域的研究都始于观察，对客观世界进行细致的观察，按照一定的逻辑归纳出相关知识，从而为这门学科的研究工作奠定基础，这就是归纳逻辑在现实中的运用。英国哲学家罗素曾讲过一则有关火鸡的故事，来阐述归纳逻辑的重要性。

在农场里，有只火鸡很善于运用归纳逻辑来解决问题。它初来就发现了上午9点钟，主人会按时来为它们分配早餐。但是，它并没有草率地下结论，而是开展了一系列的观察取证。不管刮风下雨，火鸡从未中断过它的观察工作。最后，经过一番严谨的归纳推理它得出了一个结论：主人会在每天上午9点钟来分配早餐。然而，比起它归纳得到的结论，现实更复杂。在圣诞节的前一天，主人按时来到了笼子前。但是，主人这次没有带早餐来，而是把它抓出笼子宰杀了。可见，火鸡之前经过连续观察得出的结论已经不再成立。也许，在被宰杀前，火鸡还感到困惑不已：为什么这次主人一反常态呢？

其实，罗素讲这个故事并不是为了讽刺火鸡，而是那些现实生活中的归纳主义者。诚然，一般的科学研究都是从观察开始的，通过观察得到的一些结论也确实是真实可靠的。然而，这类结论是有局限的，它并不是百分百正确的，有时甚至会完全背离客观事实。

火鸡的故事其实是对现实世界的一种折射。在这个故事里，火鸡就像是人类，而农场主人就像是蕴藏在客观世界背后的规律，没有任何一只火鸡通过观察就能准确归纳出它的主人会在何时将它杀死，这是因为火鸡的认识也是有局限的。然而，通过认真观察与分析，火鸡能准确归纳出农场主喂食的规律，从而将自己的作息时间调整到最佳状态。

可见，通过归纳逻辑确实能有效归纳信息。故事里的火鸡擅长归纳，它很有智慧，通过观察得出来的结论能进一步指导它的后续行动，从而节省更多的时间。然而，我们不能将各种未知的可能性作为根据，从而做出判断，否则就会闹笑话。

在客观世界里，万事万物都时刻处于发展、变化之中，哪怕人类拥有智慧的大脑，也无法洞察所有的规律。而人类应该感到幸运的一点是，自己已经掌握了一套可操作的认知体系，它可以帮助人类有逻辑地对事物的属性进行重复检验，确保人类尽可能正确地认识事物。我们必须承认，人类认知世界的能力是有限的，因此，在未来的某一天里，这种认知可能会被推翻。

2

「 妙用逻辑归类，让知识化零为整 」

关键词提示：知识、散乱、整洁

我们在现实生活中总是面对着错综复杂的事物，我们习惯于将它们进行归类，方便日后使用，我们将这种方法称为逻辑归类法。在学习过程中，如果我们掌握了大量信息，也会运用这种方法来归纳、整理。因此，当我们要应付学习或考试中的一些重点或难点知识时，就常常进行逻辑归类。

2012年12月，北京大学认知研究中心举办了一场有关逻辑学的研讨会。会上，北大哲学系教授丰子义指出："逻辑思维是一套围绕着人展开的思想体系，将语言、认知、逻辑有机结合起来，从文化、心理、语言等方面对人文认知进行研究。可见，在认知科学领域中，逻辑思维占据着极为重要的地位！"逻辑思维在复习学科知识时也发挥着巨大作用。运用逻辑思维，我们能有效地将相关知识点归类，这样一来，效率会明显提升。

在这之前，我们必须对逻辑归类的特点有一个清晰的认识，这样才能更好地在实际生活和学习中运用它。具体来说，逻辑归类具有以下三个特点。

第一，先找出重点知识，充分了解需要进行归类的知识，再进行归类。这种方式可以有效提高自己的逻辑归类能力。

第二，给知识归类后，要确保相关知识点的命名准确一致，在复习的时候才能保持较高的逻辑性，排除不必要的干扰。

第三，给知识归类的过程中，要不断对比不同类别的知识，运用逻辑思维思考其中的类似点。正所谓"温故而知新"，这种方式可以及时发现并解决学习中的问题。

总之，归类的宗旨就是"去其糟粕，取其精华"，归纳整理知识点中的重点和难点尽可能缩短学习时间，提高学习效率。在学习中，我们可以根据实际情况对知识点进行归类，而不用拘泥于一些规则，但是，归类项必须在逻辑上站得住脚。下面我们具体说一下如何运用逻辑归类。

第一，归类时不需要按照统一标准，完全可以根据知识点的性质、长短等归纳。复习的时候，要有逻辑地将类似的知识点排列开，比如黑黢黢、黑黝黝；安静、安详、静谧；疯狂、疯癫等，还要仔细探究这些相似知识点之间微妙的区别。此外，还可以把一些表示相反意思的知识点罗列出来，例如：远和近、生和死、悲和欢、胖和瘦、真诚和虚伪等。在复习时积极运用逻辑思维，提高学习效率，根据熟练掌握的知识点来进一步加深对不熟悉的知识点的认识。

第二，要按照一定的逻辑来给知识点归类，按组别来给知识点归类，各组在数量上要保持相对均匀。因为，如果有的组含有太多知识点，就会使复习效果大打折扣。一般来说，分组的数量保持在5到10个是最恰当的。

第三，我们常常借助各种各样的概念来认识事物，因此，给事物分类说白了就是对概念进行逻辑分类，这样一来，事物之间蕴含的各种关系就会更清晰地呈现在我们面前，也让我们学习时更方便快捷。

借助逻辑归类来整理归纳错综复杂的知识点，能帮助我们更快地厘清思路，从重点、难点知识入手，更好地把控知识点，提高复习效率。

3

「 归纳逻辑：先总结事实，再推出结论 」

关键词提示：事实、结论、总结

如今，随着归纳逻辑不断地变化与发展，在学术领域里也发挥着越来越大的影响。然而，社会上却很少有人明白归纳逻辑究竟是怎么一回事。那么，究竟什么是归纳逻辑呢？要回答这个问题，我们首先要具体考察一下归纳逻辑的相关理论。首先，要明确归纳逻辑面向的研究对象是什么。其实，归纳逻辑研究说白了就是归纳推理。其次，归纳逻辑就是用归纳推理的方法来研究哲学、数学、语言学、逻辑学等领域的问题。那么，为什么我们需要学一些归纳逻辑的知识呢？它在日常生活中又能派上哪些用场呢？

  首先，归纳逻辑是人类认知事物的基础。纵观社会历史的发展历程，那些概率性或偶然性事件的影响确实是存在的：一对男女在公园里邂逅，一见钟情，坠入爱河；在喧闹的街头，久未谋面的老友偶然重逢；突然下起了暴雨，碰巧雨伞还坏了。上述这些例子都是生活中真实存在的偶然性事件。其实，我们是相对于"规律"来谈论"偶然"的，运用归纳逻辑就可以清晰地阐述生活中各种偶然性。

  其次，人们常说的偶然性事件其实指的是这件事只有很小的概率会发生，在逻辑学上被称为"概然"。在我们的工作、生活、学习乃至学术研究中，这种偶然性都真实存在着。因此，我们将归纳逻辑广泛运用于对概然的研究中。利用归纳逻辑推导出偶然发生所遵循的规律。

  最后，人类历史上很多伟大的发明是由偶然事件促成的。因此，当人们集中精力试图用归纳逻辑来解释各种偶然性事件时，很容易激发创新思维。

  实际上，早在数千年前，聪慧的先哲就开始运用归纳逻辑来解决生活中遇见的问题。

  叙拉古赫农王把一块黄金交给一位工匠，让他打造一顶精美的皇冠。很快，皇冠就打造好了。国王把皇冠放在手心里，掂量了几下，感觉皇冠的重量比之前那块黄金轻了不少。于是，国王怀疑工匠在铸造过程中贪污了黄金。然而，工匠发誓说，自己没有偷拿黄金，还在众人面前给皇冠称了重。结果，皇冠与之前那块黄金的确是一样重的。然而，国王并不相信，但是他苦于没有证据，只能求助于阿基米德。

  阿基米德受国王之托，就日日待在家里，苦苦思索，却找不到头绪。一天深夜，阿基米德已经好几天没洗澡了，于是他的夫人为他放热水洗澡。他夫人专门在木桶里多放了水，以便他能在热水里舒服地泡上一会儿。于是，当他迈入木桶时，里面的水实在太多，溢出了不少。阿基米德灵光一现，他马上跳出了木桶，披上浴袍，跑到门外的大街上欢呼起来："我知道了！知道了！"

原来，阿基米德看到水从木桶里溢出来，由此想到了揭开难题的办法：将物质和质量相同的两件物品都放入水中，那么，溢出来的水的体积肯定也是一样的。也就是说，如果把那顶皇冠放入水里，那么，溢出来的水和同等质量的金块的体积肯定是一样的。若不如此，工匠肯定就在皇冠上面动了手脚。

阿基米德来到皇宫，端来一盆水，又找来质量相同的黄金、白银各一块，依次放入水盆里。结果，放入黄金时溢出来的水少一些，而放入白银时溢出来的水多一些。接着，他又找来一块与先前那块黄金质量相同的黄金，将黄金与皇冠分别放入水盆里。结果，放入金块时溢出来的水少一些，而放入皇冠时溢出来的水多一些。阿基米德由此断定，工匠肯定在皇冠里掺入了其他金属。果不其然，工匠最后道出实情，原来他往皇冠里掺入了一些价格低廉的白银，而将多余的黄金占为己有。

阿基米德正是运用归纳逻辑的方法解决了这道皇冠的难题。他对同一事物进行归纳，找出同类事物的不同点，最终揭开了事实真相。

4

「 归纳推理，还原事实真相 」

关键词提示：基本规律、归纳、真相

归纳逻辑有着广义和狭义之分，就广义来说，归纳推理及其研究方法

都属于归纳逻辑；就狭义来说，归纳推理就是归纳逻辑。归纳推理在我们日常的思维活动中发挥着很重要的作用，其大前提是必须符合逻辑思维。而展开逻辑思维活动又有一定的前提条件必须遵循。

人类任何思维活动的运转都要遵循特定的一些规律。纵观这些规律，有的只对特定模式下的逻辑思维产生影响，有的则对大多数逻辑思维都有影响，前者就是譬如三段论、定义、理论等特殊规律，后者就是基本规律。

在人类展开思维活动的过程中，逻辑的基本规律起到一定的强制性作用。逻辑规律与客观对象之间有着密切的关系，它们从本质上说就是人脑中对客观现象最普遍的反映，是长期以来人类对自身思维活动的规律性总结。因此，如果我们遵循这些规律展开归纳推理，就能一步步接近事实的真相。下面这个《鹿死谁手》的小故事就可以佐证这一点。

清朝万历年间，一位大富人带着李、万、阳、张、刘、邓、丁、苏八位家仆外出打猎。经过一番激烈的追逐，最终，一名家仆射中了一只梅花鹿。然而，当时的场面太混乱，因此，大家并没有看清楚究竟是谁射中了这只梅花鹿。于是，富人当下来了兴致，忙命令众人不要去梅花鹿身上取箭并查看上面篆刻着的姓氏，而是开动脑筋猜一猜究竟是谁射中了梅花鹿。于是，八名家仆纷纷发表了自己的意见。

老李说："我认为要么是老苏射中的，要么是老邓射中的。"

老万说："如果这支箭正中梅花鹿的头部，那肯定就是我射中的。"

老阳说："我看见这支箭是从老丁那里射出去的。"

老张说："哪怕射中的是鹿头，也不能说就是老万的功劳。"

老刘说："老李的推测是错误的。"

老邓说："既不是老苏射中的，也不是我射中的。"

老丁说："据我判断，肯定不是老阳射中的。"

老苏说："老李的推测没有错。"

八名家仆发表完意见，富人一个箭步冲上去，拔下插在梅花鹿身上的箭验证结果，最终结果证明刚才有三个人的判断是对的。那么，通过以上信息,你是否能推测出究竟是谁射死了这只梅花鹿呢?

我们的推理过程大致如下:

(1)如果是老李射中的,那么,老张、老刘、老邓、老丁四人猜对,不符合题意。

(2)如果是老万射中的,那么,老万、老刘、老邓、老丁四人猜对,不符合题意。

(3)如果是老阳射中的,那么,老张、老刘、老邓三人猜对,符合题意。

(4)如果是老张射中的,那么,老张、老张、老邓、老丁四人猜对,不符合题意。

(5)如果是老刘射中的,那么,老张、老刘、老邓、老丁四人猜对,不符合题意。

(6)如果是老邓射中的,那么,老李、老张、老丁、老苏四人猜对,不符合题意。

(7)如果是老丁射中的,那么,老阳、老张、老刘、老邓、老丁五人猜对,不符合题意。

(8)如果是老苏射中的,那么,老李、老张、老丁、老苏四人猜对,不符合题意。

根据上述一系列的推断,我们可以发现,只有当射中梅花鹿的人是老阳时,才是三个人猜对,符合题意,因此,是老阳射死了梅花鹿。我们正是通过归纳推理得出以上判断的。

我们在日常的工作、学习中经常把"逻辑"这个词挂在嘴边,比如"这个人不懂逻辑""这件事不合逻辑"等。无论是思考、论述还是表达都离不开归纳推理。比如,通过发放调查问卷来了解大学生就业情况,根据调查结果,相关部门针对就业困难的大学生群体采取相应措施,这就是归纳逻辑在我们实际生活中发挥的作用。我们通过归纳逻辑可以在很短的时间内找到解决问题的办法。

巧用归纳推理，让逻辑更有条理

关键词提示：完全推理、不完全推理、真相

归纳逻辑是我们学习或工作时的好帮手，能帮助我们更高效地掌握知识。因此，在此过程中，人们总会自觉或不自觉地运用归纳逻辑来提高思维上的敏锐性和正确性。归纳推理是归纳逻辑最主要的表现形式，根据其观察对象的不同，可以分为两类，即完全归纳推理和不完全归纳推理。

完全归纳推理是根据观察对象之间相同或不同的属性，推导出这类事物普遍具有或不具有某种属性。比如，"男性需要进食才能活下去""女性需要进食才能活下去"，而人类只分为男性和女性两类，因此，我们可以由此推断出"所有人都需要进食才能活下去"。这就是完全归纳推理。可见，完全归纳推理面向的是对象全体，因此，得出的结论是针对这类对象做出的一种绝对判断，因此，完全归纳推理是必然性推理。

不同于完全归纳推理，不完全归纳推理面向的是某类事物之中的一部分对象。一般来说，不完全归纳推理可以分为简单归纳推理和科学归纳推理两类。

通过正确而恰当地使用归纳推理，人们可以一步步推理出与正确结果最接近的答案。归纳推理在案件侦破过程中也发挥着不容小觑的作用。哪怕是最棘手的案件，我们也可以运用归纳推理理顺逻辑，让真相大白于天下。

有一天，美国佛罗里达州一个小镇上的一家珠宝行被抢了。警方前前后后一共逮捕了四名嫌疑犯，但是，他们拒不合作。面对警察的审讯，他们是这样作答的：

A 说："这是 C 干的，他最近送给了女朋友好几款珠宝首饰，他肯定是从珠宝行抢来的。"

B 说："我没有抢珠宝行。"

C 说："我也没有。"

D 说："我认为 A 说的是真的。"

警方展开了紧锣密鼓的调查，最终，事实真相浮出水面：只有一名犯罪嫌疑人说了实话，其余三人都在撒谎。那么，究竟是谁抢劫了珠宝行呢？

我们可以对上述信息做如下整理：

（1）A 说："是 C 抢劫了珠宝行。"

（2）B 说："不是我干的。"

（3）C 说："也不是我干的。"

（4）D 说："同意 A 的说法。"

（5）以上四人只有一人说了实话，其余三人都在说假话。

接着，我们的归纳推理过程如下：

（1）根据上述的信息 1、4、5，我们可以推出抢劫犯不是 C，因为如果是 C 抢劫了珠宝行，那么，最终结果就是 A、B、D 三个人都说了实话，不符合题意。

（2）可见，C 不是抢劫犯。那么，根据信息 3，我们可以知道，说实话的人正是 C，由此可见，其余三人都在说谎。

（3）根据以上推理所得的两条结论，再加上信息 2，我们可以知道，B 说了假话，因此，B 才是那个抢劫珠宝行的人。此时，A 和 D 也都说谎了，符合题意。可见，事实的真相就是，抢劫犯是 B。

归纳逻辑在这起案件的推理过程中发挥着至关重要的作用，才带领着我们一步步拨开层层迷雾，追踪到了事实的真相。实际上，正是这一连串严谨的逻辑推理构成了这桩案子的侦破过程。警方通过妙用归纳推理，理顺了逻辑，查出了案情的真相。

6

「 归纳思维，预测未来 」

关键词提示：归纳、预测

如果我们稍加留意，就会发现学校里经常有类似的现象发生：小学时，很多人成绩出类拔萃；但随着他们步入中学阶段，学习成绩却每况愈下。究其根源，这些学生都不具备突出的归纳思维能力。在学习和复习阶段，想要彻底领悟有关知识，就离不开归纳思维。

我们在上文中说过，归纳推理分为完全归纳推理和不完全归纳推理，前者能论证并预测未来事物的走向，后者则能促使人们萌生创新思维。在学术研究的过程中，人们努力探索与发现新事物，而概率预测与归纳推理是不可或缺的思维方式。

其实，无论在生活中，还是工作或学习中，我们都必须竭尽所能地掌握一切可以占有的材料，充分运用归纳思维背后的逻辑性来探寻事物的规律，在此基础上预测事物下一步的走向。这样一来，面对突如其来的情况，我们才能做到有备无患。

第二次世界大战期间，美国国防部收到了一条重要情报：日本的一支船队马上要开往位于澳大利亚北部的新几内亚，船上装载着重要的军需物资。该船队的航行路线很可能是一路沿着太平洋新不列颠岛方向航行，接着横穿俾斯麦海，在澳大利亚登陆。美国国防部当机立断，命令当时正在西南太平洋驻扎的美国空军轰炸日本的这支船队。

当时，美国西南太平洋空军处于乔治·肯尼将军的指挥下，他经验丰富，很熟悉这片海域：只有两条航线能从新不列颠岛前往位于澳大利亚北部的新几内亚，但是，两条航线分别位于南北两端，相去甚远，航行大约都需要四天左右。很快，肯尼将军收到了一条近几天的天气预测报告："最近一个星期内，位于南部的航线天气晴朗，而位于北部的航线则是雷雨天气。"那么，美国空军究竟要怎样才能以最快的速度发现这支日本船队的行踪并尽可能获得这次行动的主动权呢？针对这一问题，肯尼将军与其参谋部展开了激烈的讨论。最终，他们得出了一致结论：日本船队不会根据天气来选择航线，也就是说，南线和北线都可能成为航行路线。因此，要做两手准备来制订后续的轰炸计划。基于这种考量，那么，有四种情况可能发生。

第一种：美国空军在南部航线展开全力搜查，而日本船队恰好也选择了南部航线。再加上南方天气晴好，美国空军主力将在极短的时间内发现这支日本船队，集中力量展开轰炸。

第二种：美国空军在北部航线展开全力搜查，而日本船队恰好也选择了北部航线。这样一来，虽然北部地区是雷雨天气，能见度受到严重影响，但是，空军将搜查力量高度集中起来，仍有希望在一天之内就发现这支船队并尽可能争取更多的轰炸时间。

第三种：美国空军主力在北部航线展开搜查，而日本船队却选择了南部航线。于是，南方虽然天气晴朗，能见度很高，有利于空军展开高空搜查，但是，空军在南方的搜查力度有限，因此，至少需要耗费一天时间才能精确定位日本船队所处位置，那么，美国空军最多只有两天时间展开轰炸。

第四种：美国空军主力主要搜查南部航线，而日本船队却选择了北部航线。这样，美国空军分配给北部航线的搜查力量就很小，加之当地的雷雨天气，要给日本船队精准定位简直困难重重。即使耗费两天时间，也未必能有所收获。因此，轰炸时间也所剩无几。

根据上述分析，我们可以发现，第一种情况对美军是最有利的，而第四种情况则是最不利的。于是，肯尼将军及其部下预测了日本船队的相关部署，最终的结论如下：

在趋利避害心理的影响下，日本船队肯定会选择扬长避短，选择一条对他们最有利的路线，因此，北部航线是最佳选择。

肯尼将军和他的参谋部正是巧妙运用归纳推理，才精准地预测了日本船队的航线部署，最终找到了一个对自己最有利的方案，在这次任务中成功拦截并重创了这支船队。

「 归纳逻辑，让故事环环相扣 」

关键词提示：故事、内在逻辑

在哈佛大学《美国当代文学》课的课堂上，老师曾提出一个有关"夜明珠在哪里"的逻辑推理题让学生思考。

一个富商意外获得了一颗珍贵的夜明珠，有小孩的拳头那么大。但是，不久后，这颗夜明珠就不翼而飞。于是，他四处去寻找这颗夜明珠。有一天，他来到郊区的一座山上，只见山顶开阔处有三座木屋子，屋子的牌匾上分别写着"红屋""青屋""紫屋"，每间木屋里都住着一名老人。"红屋"里的老人对他说："夜明珠不在这间屋子里。""青屋"的老人对他说："夜明珠在'红屋'里。""紫屋"的老人则说："你要找的夜明珠不在我这里。"在这三位老人之中，只有一人说了真话。那么，说真话的究竟是谁呢？夜明珠又究竟在哪间屋子里呢？

听完故事后，学生们纷纷陷入沉思。很快，就有人想到了正确答案，"那颗夜明珠在'紫屋'里"。也就是说，住在"红屋"里的老人说了真话。那么，究竟是如何得到正确答案的呢？

我们不妨先假设，如果夜明珠在"红屋"里，那么，就有两名老人说的是真话，可见，夜明珠并不在"红屋"里；如果夜明珠在"青屋"里，那么，同样也有两名老人说了真话，因此，夜明珠也不在"青屋"里；如果夜明珠在"紫屋"里，那么，只有"红屋"里的老人说的是真话，可见，夜明珠确实是在"红屋"里。

我们经常读到与《夜明珠》类似的精彩故事，有的故事甚至是由虚拟的人物、时代背景、故事情节构成的。有的小故事，短小精悍，通篇读下来也不过百十来字，却隐含着严丝合缝的逻辑内容；有的小故事，内容虽然很丰富翔实，但逻辑结构却很简单直接。其实，无论故事篇幅长短，任何一个精彩的故事都离不开有条有理的内在逻辑。故事越是精彩，与逻辑的关联就越是紧密。运用归纳逻辑来讲故事，能让故事情节一环扣一环，成为最会讲故事的人。

那么，我们要如何在故事创作过程中巧妙地运用归纳逻辑呢？

大宋年间，一位盐商请了一位更夫来报时。一天早上，天尚未亮，更夫就急匆匆地跑来，对盐商说："老爷，我昨天晚上做了个梦，梦到您今日外出遭遇了不测，只有换一条道路才能逢凶化吉。"盐商虽然半信半疑，但最终还是改变了路线。而那一天，原定的那条路线上果真发生了泥石流，很多路人都因此丧命。盐商知道后很感激这位更夫。

怎料，没过多久，一件让人费解的事情发生了：盐商把更夫辞退了，但是，在他走之前，盐商赏给了他一大笔金子。为什么盐商会忘恩负义，将更夫辞退掉呢？然而，为什么盐商在辞退更夫时又要赏他一大笔金子呢？这件事看似疑点重重，让人费解，但只要运用归纳推理来分析这件事的前因后果，就会理解盐商的做法。

根据故事的有关信息，盐商其实是经过了一番严谨的逻辑推理，才决定辞退更夫的。

只有晚上睡觉了，才会做梦。一大清早，这个更夫就跑来跟他讲述梦境，说明前天晚上更夫肯定睡觉了。

如果更夫晚上睡着了，他就不可能正常工作，那么，他就没有坚守岗位。而更夫前天晚上肯定睡觉了，因此，他是不称职的。

盐商的原则是不能聘用不称职的人，因此，不能继续聘用这个不称职的更夫。

更夫主要是负责夜间巡视、报时等工作，如果他晚上睡着了，就必然不能完成工作。因此，盐商将更夫辞退是合情合理的。

另外，盐商还赏给了更夫一笔金子，此举也是经得起逻辑推敲的：这个更夫可以说是盐商的救命恩人，立下了这等大功，理应得到丰厚的奖赏。

因此，盐商给了更夫一笔可观的赏金，将他辞退了，遵循的正是"功必赏、过必罚"的用人策略，在逻辑上并没有矛盾。这个简短的小故事不过数百字，但故事里却蕴藏着严密的逻辑，才让故事读来跌宕起伏，让人紧紧跟着盐商的逻辑思考问题。

第八章

类比逻辑

同中取异,异中求同

1

「　寻找相似点，有逻辑的创新　」

关键词提示：相似点、特殊、创新

当今世界，日新月异，很多让人惊叹的高新科技都是科研工作者用模拟方法发明出来的。而类比推理则是模拟方法的逻辑依据。我们在日常生活或工作、学习中遇到的很多问题都可以用类比推理来解决。

类比推理是一种重要的推理形式，它具有或然性，也就是说，它以客观事实为依据，但得出的结论却不一定是真实的。因此，在运用类比推理时，我们要确保逻辑上的严谨性，才能让得出的结论更接近事实。

类比推理的核心就是寻找两个或两类对象共有的特殊属性，进而推导出它们所具有的其他共有属性。17世纪七八十年代，荷兰物理学家惠更斯发现了光波动的重要原理，还详细对比了光与声音，发现它们之间有很多共同之处。而声音就是由声音周期运动引起的波动，他由此推断光也具有类似的特性，经过后续一系列严谨的论证，最终提出了"光波"的概念。在此过程中，惠更斯就是巧妙地运用了逻辑类比的推理方法。

可见，在很多学科研究中，逻辑类比都是一种有力的工具，这种研究方法的核心就在于从特殊中寻找特殊。

合理地运用类比推理，探寻事物之间更多的相同点或相似点，以此为基础展开创新，这正是类比推理最大的意义。

第一，类比推理有着显著的"桥梁"作用，将各种思维方式联系起来。有的人能驾轻就熟地运用类比推理，他们往往有着很强的逻辑思维能力，同时，还富有想象力。比如，警察在侦破案件时，经常能通过某些不易觉察的相似之处将几起看似毫无关联的案件联系起来，寻找其中的蛛丝马迹，判断出这几起案件是否是同一凶手所为。在科研领域中，很多科研工作者也常常根据某些熟悉的事物去探析、推理未知事物，最终取得突破性进展。在这些人类历史的伟大时刻，类比推理的痕迹无处不在。

第二，在科学研究、创造发明领域，类比推理是一种强大的逻辑工具。纵观人类科技发展史，在很多重要理论的论证过程中，类比推理都占有一席之地。

第三，在仿生学领域，类比推理发挥了显著作用。就逻辑层面而言，仿生学就是有逻辑地对各种生物体的结构展开类比推理，推导出有关原理，在技术层面取得突破。古人模仿鱼儿在水中游动的状态，最终发明了船。他们模仿鱼的外形制造了船身，模仿鱼鳍和鱼尾制造了双桨和单橹，最终能在水面上自如地航行。后来，聪慧的人类又模仿鸟儿在空中飞翔的运动状态研制了飞机，在此基础上不断改良，成就了如今的航天伟业。

这一切被书写进人类历史的伟大发明都是在仿生学的基础上诞生的，而正是类比推理为仿生学提供了逻辑基础。有逻辑地进行类比推理，才能得到最真实的结论，才能萌生创造力。

2

「 "卡壳"的思维：相同病症，不同药方 」

关键词提示：因人而异、表面、本质

2014年5月，伯克利大学印第安语研究中心发布了一项研究成果：人类的思维或多或少存在着目的性，一旦某些动机在你头脑里形成，你的思维能力也由此启动，开始发挥作用。可见，激发思维的目的性，为人脑的

思维活动提供内在动力，可以有效培养大脑的活跃度。

乌尔里克·奈塞尔是德国著名的认知心理学家，他还这样描述过人类思维："人类思维能力的培养与发展有赖于知识的发展，与逻辑推理息息相关。"可见，无论面对什么问题，我们都要尽力分析并归纳隐藏于其中的知识点，运用逻辑推理的方式探析与之相关联的其他方面。同时，客观世界的万事万物都或多或少有所区别，同时，又存在着或大或小的联系。利用类比的推理方式，可以有逻辑地给不同事物进行归纳和分类，以区分我们所掌握的知识。唯有如此，我们才能尽可能地激发思维的潜能，形成一个属于自己的相对完善的知识体系。

在给一些事物进行归纳或分类时，我们的思维会自觉地将那些已熟知的事物之间的联系分离出来，并努力给一些陌生的事物建立起有效的联系。然而，无论一个人拥有多强的逻辑思维，他的思维或多或少都会有"卡壳"的现象发生，这就是遇到了思维上的障碍点。一旦遇到类似的情况，就要重新疏导并清理自己的知识脉络，尽快让思维适应当下情况。

也就是说，在运用了类比推理的时候，我们不要将注意力全然集中在不同事物的相同点上，从而忽略了事物的不同点，进入思维上的盲区。华佗同病异治的小故事讲的正是这个道理。

华佗是三国年间的神医，屡屡妙手回春，救人无数。

有一天，有两名壮汉赶路去京城，半路上碰上暴雨，无处可躲。当天晚上，两人都发起了高烧，伴有咳嗽、流鼻涕、头痛等症状。他们久闻神医华佗的盛名，赶紧上门求救。

华佗望闻问切，详细地诊断了二人的病情。然而，二人的病症看上去明明是相同的，但华佗开出来的两服药却截然不同：给一人开了发汗药，给另一人开了泻药。两人看了看方子，心里很困惑，于是问华佗，两人明明得的病一样，为什么却用不同的药物来医治。

华佗解释道："表面上看来，你们的病症并没有什么区别，但是，是由不同的原因引发你们的病症的。服用发汗药这位，你的病症是由外部因素引发的，只要出一身汗，就能痊愈；而服用泻药这位，病症则是由身体内部的因素引起的，还得从内部去火排毒。"两人接过华佗开的药方，抓药煎服，果然药到病除。

我们从这个故事中可以明白一个道理，那就是，解决问题时要学会具体问题具体分析。故事里，两个人都得了感冒，病症都是头疼发热，但病因却截然不同，因此，必须区别用药。在诊断时，华佗就是以二人的实际病情为出发点，深入细致地研究了他们的病症，才能做到对症下药，让二人迅速康复。

可见，类比推理具有或然性，并不是在任何情况下都普遍适用的。在使用类比推理时要多加斟酌，否则就很容易让思维"卡壳"。

3

「 类比推理：把握层层递进的节奏 」

关键词提示：类比、相同、属性

当我们探索深海的奥秘时，无论如何都离不开一种重要装备，那就是深海探测器，这也是当今世上科技强国争先进军的高精尖领域。那么，究竟是谁最早发明了可以自由在深海行动的深潜器呢？是瑞士著名的科学家皮卡尔，他运用了类比推理的方法，最终成功研发出一款可以在海底自由行动的深潜器。最初，皮卡尔主攻的方向是大气平流层，他设计了一款平流层气球，甚至可以上升至约16000米的高空。后来，他对海洋萌生了浓厚的兴趣，开始致力于研究海洋深潜器。天空和海洋是两个截然不同的领域，但是，水和空气一样，都是流体，在流体力学方面有很多相似之处。因此，皮卡尔试图利用平流层气球的有关原理来改良深潜器。

在这之前，深潜器使用起来有诸多不便，要用铜缆吊着放入水中，不能自动浮出水面，也不能在海底自如地行动。受限于重量和工作原理，当时的深潜器最多只能到达2000米的深度。

皮卡尔发明的平流层气球是由上面的气球和吊在气球下面的那个载人舱构成的。在气球浮力的帮助下，载人舱可以顺利上升至高空。他对平流层气球的原理很熟悉，并进一步提出了一个设想：如果把一个风浮筒安装在深潜器上，那么，它是否就能在海洋里自动上浮呢？皮卡尔根据这个原理设计了一款新型深潜器，由浮筒和钢制的潜水球组成，还在潜水球里放了铁砂增加重量，这样一来，深潜器就能自如地沉入深海之中。将潜水球里的铁砂抛入海里，依靠浮力就可以不断上升，浮至海面，再加上配套的动力源，这款深潜器就可以在深海里自如地四处行动了。经过一系列的实验证明，这款新的深潜器可以不断下潜，一直深入到海底4112米的地方。在当时，这是一项让世人震惊的发明！

那么，皮卡尔究竟是借助哪种思维原理发明了这款可以在海底自由移动的深潜器呢？其实，就是类比推理。在科学研究中，人们经常使用类比推理法。纵观人类的科技发展史，飞机、电话、仿生机器人等都是科学家利用类比推理研发而成的。所谓类比推理，就是从两个或两类对象那些相同的属性出发，进而推出它们还拥有其他的相同属性。可见，类比推理是以两个事物某些属性相同的判断作为前提，进而推出两个事物其他的属性也相同的结论。

在生活中，如果我们懂得巧用类比推理，还会收获无穷的乐趣与意外之喜，只要在生活中多加留意，就会探索到其中的奥妙。

4

「 类比逻辑，如何求同求异 」

关键词提示：求同法、求异法

类比逻辑是比较相同或不同的事物，得出比较数据，在此基础上展开推理，得出结论。总结起来，类比逻辑就是"同中求异、异中求同"的推理，最终目的就是求同存异。它可以激发人们丰富的想象力，提出具有创新精神的设想。

在一些复杂的推理过程中，人们经常用到类比法。1968年1月，以道厄为首的几名美国科学家聚在一起，试图探索为什么许多动物每年都会按时进入冬眠状态。这些科学家进行了这样的实验：他们从正在冬眠的狐狸身上抽取了5毫升血液，将它注射到两只已经从冬眠中苏醒的狐狸身上。接着，这两只狐狸被放入冷藏室内，温度维持在零上5摄氏度左右。两三天后，这两只本已苏醒的狐狸再次冬眠，陷入昏睡之中。同年4月，他们又从这两只正在冬眠的狐狸身上抽取了7毫升血液，给三只活蹦乱跳的狐狸注射。不久后，这三只狐狸又再度冬眠。接着，他们又从这三只陷入冬眠状态的狐狸身上抽取了9毫升血液，给五只很活跃的狐狸注射。果然，这五只狐狸也开始冬眠。

在这一连串的实验里，道厄相继从处于冬眠状态的狐狸身上抽出血液，为处于不同状态的狐狸注射。此后，它们都开始冬眠。在这项实验里，这些科学家证实运用了求同法进行推理。

求同法是一种观察法，运用求同法可以检验类比推理是否可靠。在实际生活中，我们也经常会自觉或不自觉地运用求同法来解决问题，这时，要注意下面两方面的问题。

第一,要注意不同场合之下是否有其他的干扰因素。当我们面对复杂的情况时,经常使用求同法来解决问题,这时往往容易忽略导致某种现象发生的最主要的原因。比如,在课堂上,有一名学生经常头痛,无论哪门课程都是这样。一开始,医生认为这名学生的脑部可能发生了病症,但是,经过一系列检查却没有发现任何问题。最后,经过细致观察,才知道,原来导致这名学生上课时经常头痛的罪魁祸首是眼镜。这名学生视力不太好,为了看清楚黑板,配了一副眼镜。他上课时戴眼镜,下课时就摘下来。但是,这副眼镜质量很差,因此,这名学生上课时一佩戴这副眼镜,就头晕目眩,继而引发头痛。这个正确的结论就是通过求同法推理得来的。

第二,对越多的场合进行观察,观察得越细致,得出的结论也就越可靠。当我们运用求同法时,如果只是对少数几个场合进行观察,那么,就难以察觉不同场合存在的差异。同时,各种场合存在的相似点也会成为干扰项,被我们草率地作为研究的对象。比如,根据中国人的传统观念,"听到乌鸦叫,会招来霉运;听到喜鹊叫,却会碰上好事",因此,大多数人都讨厌乌鸦,喜欢喜鹊。然而,这种现象只是个别情况下的巧合。

在解决问题时,我们除了运用求同法,还可以运用求异法进行逻辑推理,推导出结论。求异法又名差异法,在多个不同场合之中,其他情况都相同,唯有一种情况是不同的,那么,研究对象与这种情况之间肯定有着密切的因果关系。比如,美国一个小镇上的农场主从其他州引入了一种新的玉米品种,据说产量远远高出本地的玉米品种。然而,这位农场主对这种玉米品种是否真的高产仍表示怀疑。于是,他挑选了几块玉米地来试种,而其他的玉米地里仍然种上了当地的玉米品种。在管理和耕种方式上,这些地都没有区别。几个月后,玉米产出后,通过核算不同玉米品种的收成,这位农场主发现,比起当地的玉米品种,这种新品种的玉米平均每公顷土地上多产出了近6000千克。由此可见,这种新品种的玉米产量的确更高。

实际上,实验是求异法的惯用手段,因此,它并没有严格规定研究对象应该在何种场合出现,因此,就会对很多场合进行观察。也就是说,比起求同法,求异法的结论往往更可靠。

5

「 类比逻辑,让表述更委婉 」

关键词提示:类比、情境、委婉

类比逻辑可以启迪人们的思维,让思维活动更活跃,有时甚至还能让我们更委婉地表达自己的想法。春秋战国时期伟大的思想家庄子就深谙此道,经常巧用类比推理来化解尴尬。

庄子年轻的时候当过几年小官,后来,他就不再过问世事,过上了隐居生活。然而,也是因为他的随性洒脱,他在生活上穷困潦倒,经常遇上揭不开锅的情况。于是,庄子只能去借粮。

有一次,庄子连续好几天没有吃上饭,为了有力气继续著书立说,他只能去找好友监河侯借粮食。庄子刚到监河侯家门口,正巧遇上他要出门。监河侯热情地迎上去,跟庄子打招呼:"庄兄,一别数月,可一切安好?今日大驾光临,有何见教?"

庄子没有继续与他客套,而是开门见山地道出来意。听罢,监河侯爽快地说:"借粮食没问题啊。我正要去外面收租金,庄兄等我回来,我一定多借一些粮食给你!"说着,就准备骑马上路了。

庄子一看急了,心想:"你出远门收租金,一走就是十天半个月,到那时候,我恐怕早就被活活饿死了。"然而,他毕竟有求于人,也不好因此发作。他思索一会儿,跟在监河侯的马后面,一边走一边说:"兄台请留步,稍等片刻再去收租也不迟。我还有一事请教。"

听闻学识渊博的庄子居然要向自己请教问题，监河侯很好奇，赶紧停了下来。于是，庄子说道："昨日，我在来仁兄家的路上听到有求救声传来。我四下寻找，最终在一道尚有些许积水的车辙印里发现了一条很小的鱼儿，它已经奄奄一息。见我从一旁经过，赶紧求救。"

"于是，我上前问那条小鱼：'你从哪里来，为什么会陷入这番境地呢？'小鱼说道：'我来自东海，顺着水流游啊游，一直来到了这里。如今我被困在这道车辙印里已经好几天，要不了多久就会被渴死，你可以为我打一桶水来，救我一命吗？'

"我说：'鱼儿啊，这事情好办。你先等我几天，我这就去求越王，请他兴修水利，把水流从西江引过来，帮你回到东海，如何？'听完，小鱼生气地说：'这几天都没下雨，这车辙里的积水马上就要没了，我很快就会被渴死。如今，我只是需要一桶水来救命。如果按照你的办法，等你把水从西江引过来，恐怕只能去干货市场上找我了。'"

听完这个"涸辙之鱼"的故事，监河侯马上领会了庄子的意思，顿感万分羞愧，马上让家里的仆人去粮仓里装了满满两筐粮食给了庄子。

在这个故事里，庄子正是运用了类比推理的方法，用小鱼面临的类似处境来指代自己所面临的困境，用这种委婉的表达让监河侯明白了自己缺粮的紧迫性。可见，在我们日常的实践活动中，类比推理确实是一项有力的工具。但是，当我们运用类比推理解决问题时，一定要遵循以下规则。

第一，进行类比的对象是同类事物。客观世界的很多事物有着相同或相似的属性，然而，也不乏风马牛不相及的事物，因此，用无关的事物来类比是没有任何意义的。

第二，在论证过程中，不能局限于类比推理这一种方法。科学研究或社会实践的很多问题错综复杂，恰到好处地运用论证方法可以省时省力。我们可以用类比推理的方法来研究各种事物，但是，最好是结合其他论证方式。

第三，类比推理具有或然性，一定要确保结论的可靠性。我们要把握好论证表述的尺度，不能太笼统，也不能太绝对。

6

「 触类旁通，类比的内在逻辑 」

关键词提示：由此及彼、相似点、联想

就思维过程来说，类比推理与其他的推理形式有着根本区别，它并不是从特殊到普通，也不是从普通到特殊，而是从特殊到特殊。很多科学家都是运用类比推理发现了很多重要的科学理论。比如，德国地球物理学家魏格纳通过研究地图板块提出了"大陆漂移说"。他正是通过类比推理发现各个大陆板块之间的"秘密"的。他将太阳系结构与行星模型类比，又将大陆板块与地球结构类比，发现了其中的相似点，最终提出了著名的"大陆漂移假说"。在学习时，类比推理也发挥了显著的作用。千百年前，古人就很重视培养后代"触类旁通"的能力，所谓的"触类旁通"其实就暗含着类比的意思。

鲁班也是通过触类旁通的类比推理创造了船只，造福了后代。鲁班是春秋时期很有名的木匠。有一天，海边的百姓前来拜访鲁班，请他为他们打造一个工具，以便在海上打鱼谋生。面对大伙儿殷切的眼神，鲁班不忍拒绝。送走客人后，鲁班足不出户，开始冥思苦想，却一直没有头绪。

有一天，鲁班的妻子赵氏去河边洗衣服。为了避免鞋子被河水打湿，她脱下了翻头鞋，放在一旁，赤着脚开始洗衣服。突然，一阵大风刮来，河边的鞋子被吹入河里，鞋子在河流中漂过来荡过去。赵氏赶紧下河，一把抓住鞋子，鞋子这才没被河水冲走。

回家后，赵氏把这件趣事讲给鲁班听。听罢，鲁班突然灵光一现，拿起那双翻头鞋翻来覆去地看。晚上鲁班躺在床上一宿没睡，冥思苦想着翻头鞋的奥秘。

第二天天还没亮,鲁班就开始起床造船。经过一晚上的思考,他总结出了翻头鞋的几个特点:轻便、空心、不漏水。这样一来,鞋子就能轻轻松松地在水面上漂浮。根据以上几个翻头鞋的特点,鲁班很快就制作出了一艘木船,海边的百姓可以划着船出海打鱼了。

鲁班之所以能制作出渔船,就是因为他运用类比推理的方法总结出了确保翻头鞋在水面上漂浮的几个特点,并将这些特点运用在了渔船的制造上。

在气氛庄严肃穆的法庭上,巧妙运用类比推理,同样能帮助人们伸张正义。

20世纪90年代,在澳大利亚发生了一桩特殊的诉讼案:一位美国商人向一家澳大利亚的皮包公司订购了1万个皮包。美国商人去提货,却发现这款皮包用涤纶布料作为内衬,在他看来,这款包不能称之为真正的皮包。于是,他在美国当地法院起诉这家皮包公司,要求对方赔偿皮包成本25%的金额作为补偿。这时,一位名为布莱克的年轻律师挺身而出,为被告据理力争。

开庭当日,站在律师席上的布莱克从口袋里掏出一块闪亮的金表,问法官:"尊敬的法官,请问我手中拿着一块什么表?"法官回答:"这是一块劳力士金表,但是,这与本案没有任何关系。"布莱克接着说:"事实上,这就是一块金表,我相信没有任何人会对此提出异议。那么,我再请问,这块表的内部零件也都是纯金打造的吗?"法官立马察觉自己掉入了布莱克精心设下的埋伏里。接着,布莱克又说道:"正如我们所知,我们不一定非要用纯金来打造一块金表的内部零件,那么,在这起皮包案里,明显是原告有意要勒索被告。"这番简洁明快的论辩让原告和法官一下子都哑口无言。最终的判决结果是美国商人败诉。

7

「 错误类比，一种思考上的错误 」

关键词提示：类比错误、相关性、无关性

类比推理就是根据两个对象某些相同或相似的性质来推测它们在其他性质上是否也存在着相同点或相似点。然而，类比推理是一种有着强烈主观色彩的不充分的似真推理，因此，要确定这种猜想是否正确，必须经过一系列严谨的论证。

类比的结论有的是正确的，有的是错误的，所谓的"错误类比"就是一种思考上的错误。在日常生活中，类比构成了我们绝大部分的思考。比如，两个对象在你的意识中建立起了某种联系，那么，只要看到或想到其中一个，就会自然而然地联想到另一个，这是人类最根本的一种心理机制。然而，有一点必须注意，我们的联想不可能每次都对，也不一定与实际情况一致。人脑经常会自然地给两件事物建立联系，因此，也会自然地倾向于假设两件事物之间必然会有某些相似之处。然而，两件事物可能是毫不相干的。这种错误的认定一旦在我们脑海中形成，我们就会想当然地认为两件原本没有任何关系的事物之间有着类似性。

辩论作文一直是 GRE 考试的重点和难点，主要考查的是考生的逻辑思维能力和语言表达能力。面对这类刁钻的题目，我们就要善于揪出命题者在题目中留下的类比逻辑错误，完成自己的辩论。在这类作文命题中，命题者通常不会开出一系列可以进行类比的前提条件，而只是通过一个条件就能得出相同的结论。比如，某种情况在 A 地发生了，命题者很容易就会得出结论：相同的情况在 B 地必然会发生。这正是辩论作文类比错误最常见的一种出题方式。也就是说,在对两件或两类事物的相似性进行比较时,只注意到它们在表层上的共同点,而忽视了它们在深层存在的不同点。因此,面对题目中的这类逻辑错误,在写作的时候,我们就应该努力找出不同事物在深层的差异,作为突破点,展开攻击。

比如这样一道题目:5 年前,一个名为布鲁威尔的社区业主推出了一系列规定,明确列出应该如何布置社区的庭院,又应该为社区的房屋外墙涂抹哪些颜色。此后,布鲁威尔的房产价格一路飙升,在短短 5 年时间里就翻了 3 倍。为了让迪尔阿斯社区的房产能升值,我们应该做出哪些社区景观和房屋涂色方面的规定。

这个题目里有一个类比错误显而易见,也就是上文中提到的"某种情况在 A 地发生了,那么,它必然在 B 地发生"。题目中,布鲁威尔社区通过规定为该社区的房屋涂抹哪些颜色及如何装点社区庭院而实现了房价的升值,因此,迪尔阿斯社区试图效仿布鲁威尔社区,通过同样的方式来实现同样的目的。这就是错误类比一个典型的例子。这两个社区最明显的相似点也许仅仅在于它们都是社区罢了;如果布鲁威尔社区交通便利、风景宜人,那么,人们自然也乐意在当地购房,而迪尔阿斯并不具备如此便捷的交通条件和宜人的风光,那么,只是简单地效仿自然不是明智之举。即使布鲁威尔社区的确是通过规定涂抹房屋的颜色实现房价的提升的,然而,同样的方法在迪尔阿斯社区也未必能取得同样的效果。在上述题目的论断中,没有根据两个社区的交通情况、社区功能、住户特点等关键问题进行比较,因此,得出的结论也过于草率。

8

「 科学家有时也说蠢话 」

关键词提示：科学家、动物、机器

在生活中，上文提到的错误类比的例子比比皆是，哪怕是成天潜心钻研的科学家或逻辑思维缜密的决策者，偶尔也会犯错误类比的逻辑错误，说出一些蠢话来。

2014 年，在美国国会召开的一场会议上，一名议员就说道："这 670 亿美元的农业补贴计划可以更好地促进美国的粮食生产，粮食就像钱一样，当然也是越多越好！"有人不禁要问，粮食多了莫非还不好吗？

粮食多了当然是一件好事，然而，问题的关键并不在此，而在于这项农业补贴计划究竟能否真的推动粮食生产，这一切都有赖于后续事实的证明，而非凭借这位议员的一句话。事实上，"粮食补贴计划"就是予以当地农民一些金钱上的补贴，让他们适当地降低粮食产量，这样一来，粮食供大于求的情况就不会频频出现了。如若不然，粮食价格很容易暴跌。在这种情况下，钱只能保障农民的生活，却不可能推动粮食生产。

而国会议员还将粮食比喻成金钱，这种类比也是错误的。确实，粮食是食物，所有人都离不开它。但是，如果"粮食就像金钱一样"这个类比正确的话，那么，我们可以进行反向推导，得出"金钱应该也是食物"的结论。然而，事实上，金钱与粮食之间有着很多明显的不同之处，比如，如果存放时间太长，粮食就会腐烂，而金钱却不会变质，只会贬值。因此，说粮食多多益善也是不合逻辑的，粮食产量超出了一定的限度会导致很严重的后果。

第八章 类比逻辑：同中取异，异中求同

在科学研究时，很多科学家将"严谨"二字作为座右铭，时刻警醒自己，却还是免不了错误类比。在《裸猿》一书中，著名的动物学家莫里斯写道："在现在'城市生活'的华丽外表之下，其实还存在着很多'老裸猿'，只是他们换了名称罢了。过去用'狩猎'，现在用'工作'；过去用'配对'，现在用'结婚'，过去用'巢穴'，现在用'住宅'；过去用'伴侣'，现在用'夫妻'，等等。"

在书中，莫里斯的这段话提出了一系列类比的观点，言下之意，如果人类是从猿猴进化而来的，那么，我们身上必然保留了很多猿猴的性质。然而，这些类比是错误的，因为狩猎和工作在本质上是截然不同的两回事，而古猿居住的洞穴与我们现在居住的住宅也有着天壤之别。人类是从猿猴进化而来的，也就是说，人类与猿猴不同。更何况，如今，我们生活在文明社会，穿着光鲜亮丽的衣服，再也不是那些全身长满了长毛的裸猿。

可见，在很多情况下，人们靠着主观想象来做类比，却没有仔细想一想这些类比是不是合理。

在科学家的表述中，有两种类型的错误类比最常见：一种是把人类比为某种动物，这一点在上文中已经提到；另一种就是将人类比为机器。比如说，"人脑计算机"就是当下科技领域被炒得很热的一个概念，这个概念在"人脑"和"计算机"之间自然而然地画上了等号。然而，我们只要稍作思考就会发现，人脑并不是计算机，也不像计算机。原因在于人脑是构成活的有机体的一部分，而计算机却没有任何生命体征；人脑通过消耗氧气、葡萄糖来维持新陈代谢，顺利运转，而计算机则借助电力来运作。此外，根据医学上的说法，只要超过四分钟没有得到氧气、葡萄糖的供应，人脑就会死亡，而计算机却可以好几个月甚至一两年不用电，只要轻轻按一下它的开关，就能恢复如初，高速运作。换而言之，将电源关闭并不会给计算机造成致命一击。人脑与计算机之间类似的不同性质比比皆是，比如，人脑中有90%的组成成分是水，而计算机却是由芯片和电线构成的，没有

水。人脑可以独立思考，而计算机却不能，计算机的所有运作都需要经由人工操作来实现。因此，人脑与计算机虽然在浅层上有些相似点，但实则是两件完全不同的事物。

第九章

因果逻辑

原因未必指向结果

第九章 因果逻辑：原因未必指向结果

1

「 是推理的结论，还是因果的结果 」

关键词提示：结论、结果

万事万物之间普遍存在着联系，其中因果联系是一种重要形式，科学研究的一项重要任务就是要准确认知事物变化与发展的客观规律，而这是以找准事物之间的因果联系为前提的。

因果联系在逻辑推理中随处可见，如果不通过因果联系展开推理，就无法得出正确结论。比如，一只狗躺在马路上晒太阳，你开着车从那里经过，一不小心从狗身上碾过，把它碾死了。那么，根据上述情况，我们能否展开这样的推理：因为一只狗躺在马路上晒太阳，所以你开着车从它身上碾过去，把它碾死了。我们从因果逻辑出发，进行了上述推理过程，然而，这中间的因果关系却未必是正确的，因此，结论也未必正确。原因在于从马路上开车经过的人很多，但其他人并未因为这只狗躺在路上晒太阳就将它碾死，可见，其实两者之间并没有直接或必然的关系。

现实生活中，我们经常在因果逻辑的基础上建立起原因与结果之间的关系。在上述例子里，我们其实可以反过来进行推理：如果那条狗没有躺在马路上晒太阳，那么，你就不可能开着车从它身上碾过，把它碾死。显然，这个推理得出的结论正确无误，与因果逻辑相符。可见，我们平时运用因果逻辑来解决问题时，一定要厘清前提与结论之间的因果联系，这样，我们得到的结论才是真实有效的。

我们在逻辑推理时经常会用到各种理论，但前提是这些理论必须与现实情况相符，这样才能推出准确的结论。在日常生活中，我们一般需要运用逻辑推理来研究事物之间的因果关系,但是,还是有很多人会把由逻辑推理得出的结论与由因果关系得出的"结果"混为一谈。比如,在侦查案件的过程中,警察之间经常互相询问:"那桩案子的结果出来了吗?"句中的"结果"其实指的是导致"案件发生的原因",它指的并不是因果关系中的那个结果,而是由逻辑推理得到的那个"结论"。

再比如,有一天你感冒了去医院看病。在医院里,你恰好遇到了小明也在看病。去医院看病当然是因为生病了,因此,你根据小明去医院看病得出他生病了,可见,这是根据"去医院看病"进行逻辑推理,得出了"有病"这一结论。然而,平时我们的表述不会这么严谨,而会换一种说法,表述为"因为小明去医院看病,所以他肯定是生病了"。换一种说法后,"去医院就诊"就成了"有病"的原因,这样一来,因果关系彻底颠倒了。可见,在分析有关因果关系的表述时,我们一定要搞明白这究竟是通过因果关系得出的,还是逻辑推理得出的。

在各种社会实践中,我们经常用到因果逻辑来解决问题。当我们在因果逻辑的基础上展开推理时,要尤其注意以下两个方面:

第一,紧紧围绕因果关系展开推理,把原因分析与结果论证紧密地结合在一起。

第二,原因分析与解决问题的方法之间要相互呼应。也就是说,在分析因果关系时,前后必须保持一致。

2

「 化繁为简,神奇的因果逻辑 」

关键词提示:复杂问题、简单化、根源

那些擅长用因果联系来思考并解决问题的人,总是能厘清事情的条理,

第九章 因果逻辑：原因未必指向结果

解决问题的时候也顺利。康熙帝在这方面堪称典范，他把自己的敌人分析得面面俱到，不仅对敌人心怀仇恨，同时还怀有一般人很难理解的尊敬和感激。

康熙帝在 8 岁那年登基，14 岁亲政，在位时间长达 61 年之久。纵观中国历史，再没有别的皇帝比他的在位时间更长了。1721 年，也就是康熙在位 60 年之际，皇宫内举行了盛况空前的"千叟宴"，专门招待满族和汉族老人。盛宴期间，康熙帝兴致高涨，频频举杯，前前后后一共敬了三次酒：第一杯敬的是孝庄太皇太后，感谢她多年来对他的疼爱、包容与支持；第二杯敬的是朝廷上下的文武百官和普天之下的黎民百姓，感谢他们为朝廷和国家做出的一切贡献，大清王朝才能一派歌舞升平。

接着，康熙帝又再次举杯，说道："这最后一杯酒，我要敬我曾经的那些死对头，吴三桂、噶尔丹、鳌拜、耿精忠、尚可喜、郑经。没有你们，也就没有今天的康熙，亦没有今天的大清帝国。"说罢，康熙帝端起酒杯，一饮而尽。然而，他的一番举动已经让台下的众大臣不知所措。

那么，为什么康熙帝要用最后一杯酒来敬他曾经的那些对手呢？在他看来，那些年里，如果不是这些对手给他频频施压，他也不可能年纪轻轻就把偌大一个国家治理得如此井井有条。他年纪尚小就登上皇位，如果交到他手中的是一个太平盛世，那么，他免不了感到无所事事，最终也难以成为一代明君。然而，正是他感受到了来自对手的各种压力，不得不迎难而上直面那些明争暗斗，想方设法地击败对手，才能成为最后的赢家，保住从父辈手里继承过来的江山。正是在与对手血腥而残酷的较量过程中，康熙各方面的能力才得到了千锤百炼，才成了这沃野千里上无可争议的王者。就这一点来说，对手正是康熙不断向上奋发的动力。在思考与对手之间的关系时，康熙合理地运用了因果逻辑推理。在他看来，如果没有这些对手，后人眼中的康熙也不复存在。

因此，在运用因果逻辑展开推理时，我们不要被单一的因果层次局限住思路，而要从多个角度来分析导致事情发生的原因，最终才能推出一个合理的结论。比如说，事物之间存在着不同层面的因果关系，最终也会产生不同的结论。在运用因果推理分析、解决问题时，我们可以从以下几方面入手。

第一，明确区分主要原因和次要原因。大多数情况下，任何一种情况的发生都不是由单一的原因引起的，因此，我们必须明确区分主要原因和次要原因，好好把握住其中的主要原因，在此基础上展开逻辑推理。

第二，深入分析原因背后的原因。很多时候，引发某一事情的原因又可以分为多个层次。表面上看，某个结果是由某个原因引起的，事实上，这一层次的原因又是由其他原因引起的。面对由多重原因引起的结果，我们不能停留在单一的层面上，否则论点就过于浅薄，论证也不够深入，很难厘清问题的条理。可见，运用因果推理来解决问题，我们要避免"浅尝辄止"，只有透过现象看本质，才能得出具有说服力的结论。

第三，分析不同因果关系之间的区别。有时候，从不同的原因出发，最终却能得出相同的结果。表面上看，这些相同的结果之间并没有直接联系，然而，这时我们需要将它们联系在一起，进行深入分析，最终会发现这些看似没有联系的结果之间其实有着更深层的联系。这样，我们才能深入探索事物的本质联系，而不被表面现象所迷惑。

3

「　连续发生的事件也未必是因果关系　」

关键词提示：接连发生、独立变量、共存变量

在追求真理的过程中，我们往往会遇到很多错误，这种错误在逻辑学中被称为谬误。于是，很多人在日常生活中做出了这样的推断：A事件在B

事件之后发生，因此，B事件就是由A事件引起的。这是我们在生活中屡见不鲜的一种思维上的错误。我们不能简单通过时间节点上的联系来判断A事件是否会导致B事件发生。换言之，我们必须借助其他更有力的证据来证明A事件与B事件是否存在因果关系。

有关这一点，生活中的例子也不少。比如，"公鸡打鸣，太阳升起"这一命题中，"公鸡打鸣"和"太阳升起"之间并没有因果关系。事实上，太阳并不是"升"起来的，而是受地球自转运动的影响，地球上才会出现昼夜的变化。可见，并不是因为"公鸡打鸣"而导致"太阳升起"。然而，这两种自然现象在时间上存在着密切联系，在远古时代，人们自然而然就认定两件事之间有因果关系，即公鸡使得太阳升起。要证明二者之间不存在因果关系，我们可以试着证明公鸡其实无法使太阳升起。

小时候，外公在院子里养了一只大公鸡。每天天还没亮，我就会在睡梦里隐隐约约听到公鸡打鸣，接着，太阳从地平线上"升"起。后来，有一年除夕，外公把这只大公鸡宰了。公鸡死了，当然不可能继续打鸣了。然而，之后的每一天，太阳依旧照常升起。可见，即使公鸡不打鸣，日出日落的自然规律也是不会变化的。于是，我们可以得出结论：并不需要先发生公鸡打鸣这件事，才能引起日出这件事发生，可见，有别的原因促使太阳升起。也就是说，不能将公鸡打鸣作为日出的必要条件。

当两件不同的事情接连不断地发生时，人们就会想当然地在它们之间建立因果关系，试图用一件事来解释另一件事。然而，这种说法毫无根据。诚然，两件连续发生的事情之间也可能存在因果关系，这时我们就必须证明，将原因除去后，结果也不复存在。当把之前设想的原因抛开后，结果仍存在，我们就能断定，二者之间没有因果关系。

而公鸡每天清晨按时打鸣的原因也是一个常识问题。公鸡打鸣并不是为了昭告天下"太阳升起来了"，而是为了用鸡鸣召唤母鸡来与之交配。就逻辑学角度而言，公鸡打鸣与日出之间只有间接关系。

还可以再举一个例子。下雨了，街道会湿；雨停了，街道会变干；街道变干后，又开始下雨。那么，根据实际情况，我们难道就可以说下雨是街道变干的原因，而街道变湿是雨停的原因吗？事实上，下雨或雨停、街道变干或变湿，都是独立变量，而不是共存变量。我们不能因为几件事情接连发生，就非要给它们冠以"因果关系"之名。

4

「 祭祀，强扭的因果关系 」

关键词提示：玛雅预言、祭祀

玛雅人属于古代印第安人，也是唯一在美洲大陆留下了文字记录的民族。玛雅人多才多艺，他们尤其擅长天文、数学领域，还发明了"万年历"，据此推算出的时间尤其精准。如今，现代人最感兴趣的那部分玛雅文化就是玛雅预言，其中又以玛雅神祇为最。

恰科斯雨神是玛雅人所信奉的最伟大的神祇。当时，玛雅人通过对大自然的观察，已经意识到农作物的生长与雨水息息相关。经过年复一年的观察，他们发现，如果哪一年雨水太少，当年庄稼的收成也不好，要是碰见干旱的年景，收成就更别提了，有时甚至寸草不生。因此，对玛雅人来说，雨水的多寡是一个性命攸关的大问题。

其实，面对干旱天气，最行之有效的办法就是抽取地下水来灌溉庄稼。然而，那时，玛雅人的科技水平并没有达到这个程度，于是，他们采取了一种根本没有效果的方法，那就是祭祀。

有一年，干旱再次降临如今的墨西哥地区。南美洲大路上一片苍凉，寸草不生，白骨遍地。一天，一位年轻勇敢的部落首领挺身而出，烹牛宰羊，献给天地，还用刀将自己的手臂割破，将滚烫的热血洒入院子里的水

第九章　因果逻辑：原因未必指向结果

井。一瞬间，天际传来滚滚雷鸣，乌云布满整个天空，瓢泼大雨倾盆而下，滋润着干涸已久的大地。从那之后，每当旱灾再次发生，就会有人挺身而出，自愿投身天然水井，为雨神恰科斯献身。除此之外，人们还会将各种贵重的器皿扔入干枯的河里，用来取悦雨神，以便他能将更丰沛的雨水洒落人间。

才华横溢的玛雅人还将关于祭祀的种种活动都用文字篆刻在石头上，而至今仍残留在水井里的骨骸也是最有力的证明。根据玛雅人的记载，好几次，在接连好几个月没下雨的情况下，连续进行多次祭祀，就真的下雨了。久而久之，玛雅人对祭祀更是坚信不疑。每当祭祀之后，大雨倾盆，玛雅人在暴雨里载歌载舞时，一个想法就会自然地在他们脑海里浮现：如果以后再干旱，还要靠祭祀。

从现在的视角来看，玛雅文化盛极一时，最后却迅速走向灭亡，其中一个重要原因就是他们陷入了这片逻辑错误的泥潭之中。他们坚信，当两件事情在时间上联结起来、先后发生时，彼此之间一定存在着因果关系。因此，玛雅人毫不犹豫地接受了这个错误的"规律"，再也没有人挺身而出，阻止祭祀活动。有关玛雅文明走向覆灭，一直以来学界都持有一个很合理的观点，那就是玛雅人常年展开大规模的祭祀活动，用少男少女作为祭祀的供品，最终导致人口大量递减。当时战乱频发，而玛雅帝国人口锐减，一旦发生战争，就没有充足的兵员，在战场上屡战屡败。而按照玛雅人脑子里那套错误的因果逻辑推理，一旦战场上失利了，就会有更多的人被当成祭祀中的供品，丧命于此。在这种恶性循环中，玛雅文明最终走向了彻底的消亡。

生活中，类似的例子也很常见。小时候，父母经常给我们讲一些很有"教育意义"的寓言故事。然而，只要稍加考量，就会发现这些寓言故事所阐述的事物之间的因果关系是荒诞不经的。

有一则寓言，讲的是狮子每天醒过来就想，"我一定要比羚羊跑得更快，要不就会饿肚子"；而羚羊每天醒过来也在想，"我一定要跑得比狮子更快，要不就会被吃掉"。这则寓言说明，激烈的竞争无时无刻不在，一定要奋发向上，才不会落后于人。

然而，这则寓言在逻辑上是站不住脚的。原因在于不同物种之间是相对竞争，同一物种之间的不同个体之间才是绝对竞争。受生存压力所迫，狮子必须捕猎羚羊，要不就会饿死。然而，狮子究竟吃哪一只羚羊却是随机的，也就是说，究竟哪一只羚羊会被狮子吃掉也是随机的。狮子要做的不是跑得比羚羊快，而是要跑得比其他狮子快，这样才能比其他狮子更容易抓住羚羊。同理，对羚羊来说，它们要做的是跑得比别的羚羊更快，而不是跑得比狮子更快。可见，就本质来说，狮子与羚羊之间的这场殊死之争并不是它们之间的竞争，而是狮子与狮子之间的竞争以及羚羊与羚羊之间的竞争。

5

「 所谓奇迹，因果逻辑的诡辩 」

关键词提示：因果逻辑、诡辩、语用

在美国，人们对大楼的13层和黑色星期五避而远之。在中国的一些地区，人们习惯将几个易拉罐绑在婚车上面，用响亮的噪声吓跑那些不干净的东西。除夕之夜，辞旧迎新，家家户户点燃鞭炮，"噼里啪啦"之声不绝于耳，是为了吓跑上古传说里的怪兽"年"。到了本命年，必须穿上红内裤和红袜子，这样才能驱散霉运。这一切，你信吗？

事实上，一切所谓的奇迹或迷信都是荒诞不经的。事实上，奇迹或迷信从本质上说就是一种没有根据的愚蠢行为，我们称之为愚信也无妨。然而，我们又有多少人认真思考过，奇迹或迷信是如何蛊惑我们的思维的？

第九章 因果逻辑：原因未必指向结果

每当我们需要关注现实、搜集切实可信的证据的时候，奇迹让我们给两件毫无关系的事物建起了莫须有的因果关系，从而让我们把时间和精力浪费在思考那些虚无缥缈的事物上面。在一些西方国家，人们都认为黑猫是不祥的，一旦遇见，要马上躲开。然而，究其根源，人们躲避黑猫的行为与宗教有着密切关系。早在中古时代，人们就相信女巫会在夜黑风高之时化身为一只黑猫，去祸害别人。因此，人们只要见着了黑猫，就认为它是女巫的化身。

此外，奇迹信仰与迷信类似，也是从因果关系着手进行的一场诡辩。所谓奇迹，就是在特定的时间、地点，发生在某个特定的人身上的超出预期的好事情。虽然有的奇迹乍听之下合情合理，但仍然无法经受住理性思考的盘问。一些寻常无奇的自然现象也常常被人们附加上奇迹色彩。特丽莎修女就在她的自传中提到这样一件小事：一天晚上，她手里拿着一根蜡烛，烛光摇曳，拾级而上。"突然，一阵冷风迎面扑来，将烛光吹灭。不过，短暂几秒的黑暗后，蜡烛又被点燃了"，在特丽莎修女看来，魔鬼为了阻止她回到屋子里进行祷告，才耍了一个小把戏，把蜡烛弄灭了。然而，耶稣却彰显神力，蜡烛又奇迹般地重新点燃。然而，事实上，烛光跟魔鬼或耶稣都没有丝毫关系。只是恰好从窗外吹来一阵风，吹灭了烛火，风吹过后，蜡烛又重燃。

此外，在《爱丽丝梦游仙境》里也有一个关于烛光的小故事。爱丽丝在仙境梦游，她苦苦追寻着那道消失的烛光。早在苏格拉底生活的那个时代，那些天赋禀异的哲学家也在苦苦思索着同类问题，却始终没有找到满意的答案。事实上，烛光消失了，但它却哪里也没有去。原因在于故事用"烛光消失了"这种隐喻性的语句来描述"烛光熄灭了"这一事实，从而误导了我们的思维。语言的世界博大精深，一些语句看似简单，实则隐藏着约定俗成的意义，人们对它们的印象根深蒂固，很容易就在它们的诱惑下陷入思维的陷阱里。我们要学会探析语句里隐含的信息，否则对事物的认识难免出错或过于片面。正如哲学家路德维希·维特根斯坦所指出的，诸如"烛光消失了"这类伪问题常常在我们的生活中出现,然而,如果我们将这一事实通过言简意赅的语句表述为"蜡烛熄灭了",那么,后续的困惑及讨论也就不存在了。面对与烛光问题类似的问题,我们不妨从逻辑的角度入手,思考一下是否在语用方面略作调整就能将争议解决掉。然而,还有一些问题的症结并非发生在语言学层面,那么,我们就需要搜集相关证据,展开系统论证,才能揭开谜团。

6

「 前提错了,结论未必错 」

关键词提示:反证法、条件、前提

在进行学术研究时,经常有人提出这样的观点:"论证时,如果你的前提出错了,无论你的论证过程多么出彩,结论肯定也漏洞百出。无论如何,前提都是论证的基础。"乍听之下,这句话很有道理,然而,蕴含于其中的因果逻辑却未必严谨。

正如我们所知,前提与结论之间就是逻辑推理的过程。有时,前提出错了,但是结论却未必是错的。比如说,"如果下雨了,那么,天上肯定就有云"这个命题是根据"如果下雨了"这个前提推出了"天上有云"这个结论。如果"下雨了"这个前提不成立,那么,我们根据与之相反的"如果不下雨"推出"天上没有云"这个结论呢?这个结论又是否正确呢?显然,这也是一个不准确的结论,事实上,满足"没下雨"这一前提的天气包括两种,即晴天和阴天。可见,虽然有时候前提是错误的,但得出的结论却未必不对。

实际上,我们可以利用"反证法"来检验前提准确与否。中学时,我们都学过代数,其中就有"反证法"的逻辑,那就是"如果某个命题成立,那么，它的逆命题或否命题就不一定成立，但逆否命题一定成立"。如果我们将上一个例子"如果下雨，那么，天上肯定有云"这个命题转写成逆否命题，就应该表述为"如果天上没有云，那么，就肯定没下雨"，这个命题是正确的，可见，原命题也是正确的。

正如我们所知，大千世界的万事万物之间存在着普遍联系，但是，并非任何两件事物之间都存在着因果关系。比如，晚上我们回到家，摁一下电视机按钮，电视机就会打开。那么，"摁一下电视机按钮"就是"电视机打开"的根本原因吗？然而，在现实生活中，我们还会遇到比较特殊的情况，有时摁一下电视机开关，但电视机没有任何反应，又继续摁好几下，还是没有反应。这既说明电视机可能坏了，也说明摁一下电视机开关，电视机也不一定就会打开。于是，开关与电视机之间生硬的"因果关系"也就此断裂。

可见，我们必须在确保所有条件都不变的情况下来论证事物之间的"因果关系"是否成立，如果这些条件变化了，那么，"因果关系"也不复存在。比如说，A 和 B 两个人都是 30 岁，A 高中毕业后直接步入社会，经过几年的艰苦奋斗，已成为知名企业家；而 B 却还在学校读博士，一直没有步入社会，个人财富积累也远远比不上 A。那么，我们可以由此推出"博士生"或"高学历"是造成 B "财富积累速度慢"的原因吗？答案显然是否定的。实际上，学历的高低和薪资的高低之间并没有因果关系。

还有，在金庸所著的武侠小说《神雕侠侣》中，杨过偶然间闯入独孤求败的墓穴里，寻觅到了三把剑，它们分别是紫薇软剑、玄铁重剑和青钢利剑。这三把剑实则象征着独孤求败练剑的三重境界。随着他的武功日益精进，最终达到了"外无剑而内有剑"的境界。那么，我们是否可以说这三把剑是引得独孤求败在功力上渐入佳境的原因呢？很明显，这也是不对的。

独孤求败与武林新手在功力上的差距并不是由剑造成的，而是由几十年的习武过程造成的。想要问鼎武林，这漫漫数十载"化简为繁、化繁为简"的历程是不可避免的。在因果逻辑方面亦是如此，只有在一定的条件下探讨因果关系，才能得出有意义的结论。

7

「 事物的相关性不等于因果性 」

关键词提示：相关性、因果性

2016年里约奥运会期间，女子排球比赛决赛前夕，巴西前足球运动员贝利曾公开表示，坚信塞尔维亚女排队会在此次奥运会中夺冠。然而，就像贝利曾经多次的预测结果一样，这位世界著名的"乌鸦嘴"的预言再次反向指标显灵，最终，与塞尔维亚女排对峙的中国女排夺得冠军。

那么，贝利的预测与中国女排最终夺冠这两个事件之间究竟存在着怎样的关系呢？其实，二者之间的关系是相关性，而不是因果性。然而，在现实生活中，很多人却经常把相关性误认为是因果性。也就是说，一件事先于另一件事发生，或两件事同一时间发生，也不足以证明二者之间有因果关系，这两件事也许起因相同，也许只是碰巧先后或同时发生。比如：

（1）月亮一出来，昙花就缓缓绽放了；

（2）在这个小渔村里，人们每天都会吃鱼、吃虾，该村村民的平均寿命高达88岁，因此，吃鱼、吃虾可以延年益寿；

（3）这学期开始，学校开始用红色的校车接送学生，结果，学生期末考试的平均成绩提升了3分，因此，用红色校车接送学生可以提高他们的考试成绩。

上述例子，乍一看，两个事件之间是因果关系，实际上，事件之间只存在相关性。根据逻辑学，相关性与因果性之间不能画等号。在逻辑上，因果关系要成立必须符合以下两个前提：

（1）时间上有先后关系，原因在前，结果在后；

（2）过程与结果之间存在着导致与被导致的关系，过程导致了结果的发生。

我们一起来看看这个例子：交通部最近的一项调查数据显示，高达70%以上的交通事故是在离家5千米的地方发生的，因此可以得出结论：离家的距离越近，发生交通事故的概率就越高。如果从数据分析的相关性角度来看这个问题，这个结论看似没有破绽。然而，这个结论是否符合事实，又是否符合逻辑呢？

事实的真相是，在现代社会，我们大部分外出活动都是在距离家5千米的范围内完成的，可见，虽然数据是正确的，但这并不意味着结果是符合逻辑的，因为相关性与因果性并不是一回事。

随着智能时代的到来，利用智能系统可以轻松捕捉到人们衣食住行的各项活动痕迹，并探究出其中的规律。"大数据"也成为当前一个为人熟知的概念。然而，在大数据的基础上分析原因与结果之间的关系，讨论的都是相关性，而不是因果性。"不要因果，要相关；不要精确，要效率；不要样本，要全体。"是当今大数据时代的普遍思维。于是，在日常生活中，相关性经常被误当成因果性，因为那些数据不仅是正确的，而且彼此是有联系的。在现实生活中我们必须提高警惕。

第十章

语言逻辑

逻辑成就语言大师

第十章 语言逻辑：逻辑成就语言大师

1

「 人际沟通，一种语言行为 」

关键词提示：语言交际、语言行为、恰当性条件

我相信，我们现在已经对逻辑和逻辑学有了更深入的了解。事实上，逻辑学不是一门被写在纸上面的干巴巴的学科，作为一门科学，它有着很强的实用性，在生活中无处不在。人和人之间的沟通，其实是一种语言行为，因此，我们在与他人沟通时就要注意遵守逻辑语言原则。在日常生活中，正常的人际沟通是不可或缺的。根据语言交际行为理论，所有沟通都必须寻具有三重要素：第一是语谓行为，也就是我们要说的是什么；第二是语旨行为，也就是我们说这些话的目的或意图是什么；第三是语效行为，也就是你说的话在听话者身上会有什么效果。在语旨行为中，我们还要加上一个恰当性的条件来表明我们说的目的或用意。

这个"恰当性条件"大致上可以分为四种类型：预备性条件、实质性条件、命题内容条件、真诚性条件。预备性条件指的是与交际双方的利益保持一致，也相信对方能理解并接受。实质性条件指的是语旨行为的目的或意图是什么，也就是说，你说了一番话后希望达到怎样的效果。可见，这两种条件在语旨行为中表现出来的力度是有区别的，比如"命令"比"建议"强，"警告"比"劝说"强。命题内容条件指的是说话的用意不同，内容也要有所区别，比如"陈述句"与"感叹句"不同；"炙热"与"温暖"不同；"警醒"与"警惕"不同。真诚性条件指的是说话人说话的态度要真诚，说话的遣词造句要恰到好处，不能有任何"戏说"之言。总而言之，一个人在语言行为方面要与上述条件相符，在此前提下，我们才能评价他的语

效行为，即他说的话有力度，才足以让听话者相信并支持他。

我们在现实生活中要尽力遵循排中律的逻辑要求，才能尽可能消除认识上的不确定性。然而，在实际生活中，我们却经常会遇到很多人闪烁其词，他们有的是企图诡辩，有的却是无奈之举。

在《野草》一文中，鲁迅先生讲述了这样一个故事。很久以前，有一户人家生下了一个男婴。孩子满月那天，家里的亲朋好友都前来贺喜。有人说，这孩子未来会发大财，这户人家听了笑逐颜开；有人说，这孩子长大了会成为大官，这户人家听了乐得合不拢嘴；还有人说，这个孩子将来是要死的，却被这户人家按在地上，一顿猛揍。对于这种现象，鲁迅先生发出了一声无奈的叹息："说真话的人挨了揍，说假话的人却讨了欢心。若是换了我在现场，只能说：这孩子，哎呀，哈哈……"

然而，我们细细琢磨一下，就会发现，"这孩子将来是要死的"这句话在鲁迅所描述的语境里确实是有问题的。从语用学的层面而言，只有有意义的语言，也就是有具体内容的语言才能完成语言行为。在通过语言行为实现交际的目的时，必须与语言行为的"恰当性条件"相符。因此，语言行为最重要的一个目的就是要让听话者信服。然而，来访者所说的"这孩子将来是要死的"并不满足恰当性条件，也就是说，亲朋好友来访是为了祝贺孩子满月，那么，就应该实施"祝贺"的语言行为。但是，基于这种恰当性条件，这位来访者却说出了一句这么不合时宜的话。虽然他说的的确是一句大实话，然而，这与听话者的利益不符。可见，在这样的场合下说出一句有悖于"祝贺"性质的话，明显违背了"祝贺"的预备条件、实质性条件和真诚条件。这是一次失败的语言交际行为。

语境中的逻辑奥秘

关键词提示：语境、具体、独一无二

在人与人沟通的过程中，我们必须借助自然语言才能表达出自己的所思、所想。如何运用语言，也决定着交流能否顺利进行下去。这其中还涉及沟通时的语境问题。

所谓"语境"指的是在人们交流时表达自身思想或情感的语言环境，说话者、听话者、时间、场所、交际双方的知识背景等因素都包括在其中。语境有广义和狭义的区别。狭义层面的语境指的是当下正在使用的语言的前言和后语，广义层面的语境则还包括了双方所处的社会语境。在交流时，歧义句就是完全依赖语境存在的，它们一旦脱离了语境，听话者就无法顺利理解对方试图表达的意思。我们常说的歇后语就是很典型的例子，我们必须联系说话时的具体场景，才能理解歇后语的意思。

此外，我们必须明确的一点是，语境都是具体的，不同的知识背景会构成不同的交际语境。也就是说，在通俗语境之下，我们应该使用双方都能听懂的语言来交流，否则就无法听懂对方的意思，这往往会造成"鸡同鸭讲话"的局面。

在实际的语言交际中，语言环境不仅是具体的，而且是唯一的，因此，沟通的效果和方向都直接受语境的影响。换言之，处于某种特定的语境下，我们选择怎样的语旨行为，希望达到怎样的语效，恰当性条件有哪些，怎样才能符合对话双方的利益，这些事情都很具体，从而形成了独一无二的语境。

这方面的例子也很多。比如，在千沟万壑的陕北高原上，人们扯着嗓子唱着一曲曲高亢的《信天游》，让人听来大呼过瘾。然而，如果在江南流水潺潺的小桥上唱一曲陕北民歌，就显得不合时宜了。在江南古镇，温柔婉转的采茶小调才更应景。同样的道理，只有在茫茫草原上才适合唱苍凉雄浑的蒙古长调。

如果我们稍加留心，就会发现，很多商家还喜欢在店铺外挂上条幅来渲染气氛、吸引眼球。比如，一家老字号的剃头铺子门口挂着的条幅："来客都得低头，看我顶上功夫。"这个条幅用诙谐幽默的语言反映了店铺经营的项目。不过，也有些剃头铺子喜欢夸大其词。比如说，"问天下头颅几许，看老夫手段如何。"这个条幅就出现在一家剃头铺子门口。看了这个条幅，人们都搞不清他究竟是剃头，还是剃脑袋，谁还敢走进去剃头呢？

还有一个小故事也是模糊语境下诡辩的经典案例。年初时，张三向李四借了 1500 元。几个月后，这个人还了朋友 1000 元，于是，对方写了一张纸条，上面写着"某某今还欠款 1000 元整"，一式两份。两人都在纸上签字了，但是，并没有注明这张纸条是收据，也没有写下"收款人某某"的落款。不久后，甲又去还剩下的 500 元，结果，乙却掏出了几个月前写的纸条，让他再还 1000 元。乙指着纸条说："你看，上面写得明明白白，你还欠了我 1000 元没还呢！"

实际上，故事里的乙就是利用多音字在讹诈对方。一般来说，一方还钱时，只会在收据里写明"还了多少"，而不是"还差多少钱没还"，这是由还钱时候特定的语境决定的。然而，乙却利用"还"这个多音字的语音歧义来模糊语境。唯一的解决办法就是还原当时的特定语境，在该语境下来解释某种表达的确切意思。

「 妙语解围，逻辑是关键 」

关键词提示：妙言妙语、破解尴尬

我们在日常交际中经常会遇上某些出人意料的情况，很容易让双方陷入尴尬或僵局。这时，为了避免不欢而散，就必须有人站出来打破僵局。有时候，说上几句得体的话，为双方打一个圆场，就能让一场无意义的纷争化解于无形。

懂得用妙语解围的人总是有着很强的逻辑思维能力，当别人需要帮助时，会不失时机地化解尴尬。有一次，国内著名学者易教授应邀前往云南玉溪为当地群众举办讲座。这次讲座的主题是"中国智慧漫谈"。讲座结束后，还有一个互动环节，观众可以自由提问。这时，台下的一名观众提了一个很尖锐的问题："易教授，您好！我只有一个问题：今天的这场讲座，主办方把政府工作人员安排在前排中间最好的位置上，而我们作为普通观众却千金难求一票，哪怕好不容易买到了一张票，也只能坐在旁边或后面不好的位置上。请问，您对此有什么看法吗？"听了观众的话，主办方人员面红耳赤，满脸都是难以掩饰的尴尬神色。易教授却笑着说："主办方这样安排，可能是认为作为政府公职人员更应该接受教育、多多学习吧！"话音刚落，听众席上传来一片热烈的掌声。易教授用妙语轻轻松松化解了尴尬。

在一期著名的相亲节目中，一位戴着眼镜的男嘉宾登台了。他风度翩翩，有礼有节，很快就赢得了在场多位女嘉宾的好感。大家纷纷为他亮灯，第一个环节结束后，场上只有一盏灯没亮，就是4号女嘉宾。于是，主持人笑着问道："4号女嘉宾，你能告诉我为什么要灭灯吗？"这位女嘉宾尖锐地说道:"我平时就很讨厌戴眼镜的男性,觉得他们都不像好人。"听到这里,台上的男嘉宾满脸通红,手足无措,主持人马上为他解围,说:"我知道,你说的不是他,是我,可我并没有什么地方得罪你啊!还有啊,我要告诉你,大多数戴眼镜的男人都是好人,这一点我老婆可以向你证明。"听完主持人的这番话,男嘉宾充满感激地看着他,现场更是爆发出一阵热烈的掌声。

实际上,我们巧用妙语解围不用拘泥于形式。只要我们善于开动脑筋,进行思维训练,就能灵活地根据当时的具体语境说出更多恰当的言语,化解他人的窘迫。

4

「 巧用幽默语言,逻辑高手的聪明作答 」

关键词提示:幽默、比喻

逻辑是智慧的一种直接体现,说话、办事时善于运用逻辑思维的人往往智商、情商也比较高。逻辑分析能力在处理棘手问题时往往能发挥关键作用。

马克·吐温是美国知名作家,他不仅写小说,还在密苏里州创办报刊。一次,一名读者在他创办的报刊里发现了一只蜘蛛,于是写信给马克·吐温,调侃他说:"在您的报纸里发现了一只蜘蛛,请问这是吉兆还是凶兆呢?"读完这封信,马克·吐温知道这位读者是为了调侃他,于是在回信里写道:"尊敬的读者,您在报纸里发现了一只蜘蛛,事实上,这既不是吉兆,也不是凶兆。这位蜘蛛先生只是正在读报,从广告上挑一个好去处,在那里织网过日子。"

故事里,马克·吐温用幽默的语言告诉读者,不能根据这只蜘蛛来预

第十章 语言逻辑：逻辑成就语言大师

测吉凶，它只是单纯在寻找居住地。面对读者的来信，有的人可能会回答这是吉兆，会给人带来财富；有的人也可能会回答这是凶兆，会有血光之灾等。马克·吐温却另辟蹊径，没有被读者的逻辑牵着鼻子走，通过一个小小的玩笑话就破解了这个局面。读者看过这封回信，当然也不会继续揪着不放，会心一笑后，就可以继续订阅这份报刊。这里，马克·吐温正是利用幽默的语言巧妙地化解了读者设下的难题。

还有一个小故事：

当年，著名法学家王宠惠在伦敦参加一次由英国政府举办的社交晚宴。席间，一位英国贵妇对中国人有偏见，认为这是一个偏僻、落后的国度，在婚姻方面存在的问题尤其突出。在餐桌上，她当着众人面向王宠惠发问："听说，在你们中国，男婚女嫁很有意思，男女双方只要中间有媒人介绍，哪怕之前并不相识也可以结婚。这样如何保证婚后生活幸福呢？我们英国在这方面可要开明得多，结婚之前，我们都会谈上很长一段时间恋爱，充分地了解彼此，才能郑重地决定是否步入婚姻。要是不合适，就不会结婚。我认为，这种对待婚姻的态度才是正确的，才能让婚后生活更加美满！"

王宠惠知道她对中国怀有偏见，笑着说道："尊敬的夫人，事实上，您对中国婚姻状况的了解并不全面。我给您打个比方，比如说，现在有两壶水，那壶冷水代表的是我们中国的婚姻状态，把这壶冷水放在火炉上，一开始是冷的，后来慢慢变热，最终沸腾起来，可见，在中国，夫妻之间的感情一开始没有那么激烈，但后来却慢慢变得越来越好，所以，您在中国很少会发现离婚的事件。而在英国，婚姻就像是那一壶热水，结婚之前就已经沸腾，随着步入婚姻，却一点点冷却了下来。我想，英国离婚的案例时有发生，主要也是因为这个原因吧！"

王宠惠的回答很机智，面对英国贵妇的有意刁难，如果他硬碰硬地正面回应，有可能各说各的理，发生争执，甚至闹得不欢而散。于是，王宠惠利用一个生动的比喻进行逻辑阐述，说明了中国和英国之间婚姻形态上的区别，并清清楚楚地表明了中国婚姻的优势。

5

「 正话反说，意味深长 」

关键词提示：正话反说、贬义词

西点军校是美国历史上最悠久的一所军事学院，学校经常会邀请一些功绩显赫的将军去学校发表演讲。有一天，西点军校邀请了一位幽默感十足的将军来做演讲。这位将军很擅长利用反话来演讲，这次，他就用说反话的形式向西点军校的学生们描述了身为一名优秀的军事指挥官应该有哪些"坏脾气"。这位将军所说的"坏脾气"指的并不是抽烟、喝酒、赌博等恶习，而是身为军人应该具备哪些军事素养和人格品质。这场演讲深受在场学生的喜欢，甚至后来成了美国西点军校历史上的经典语录，在每一届学生之间传颂着。那么，这位将军在演讲中究竟列出了哪些指挥官的"坏脾气"呢？

好的指挥官总是有点"懒惰"，不会凡事都大包大揽，能够信任部下，放手让他们做那些力所能及的事情；

好的指挥官总是有点"厚脸皮"，当面对一些大家都不乐意做的难事、苦事，要挺身而出，不要理会各种非议，勇敢地承担责任；

好的指挥官有时也是"空想家"，要相信无论是士兵还是军官，人人都会恪尽职守，从不逃避责任；

好的指挥官总是有点"蛮干"精神，面对再大的困难也不会轻易放弃，不取得最后的成功誓不罢休；

好的指挥官有时会有点"无知"，心里有了困惑，能放下身份请教部下，丝毫不会觉得难为情；

好的指挥官总是有点"愚蠢"，工作时兢兢业业、埋头苦干，从来不计较得与失，也不在乎报酬或奖励的多寡；

好的指挥官总是有点"狂妄自大"，不会盲目听从任何大人物的意见，凡事有自己的见地，能根据实际情况提出自己的观点，敢于挑战权威；

好的指挥官不怕"违纪"，在一些紧急的特殊情况下，哪怕没有接到上级下达的具体命令，也能做出正确的判断，不会因为机械地等待而丧失良机；

好的指挥官要懂得承认自己的"无能"，不能白天黑夜、不眠不休地把所有工作都做完，要有团队协作精神，面对困难可以向其他人求助；

好的指挥官有时有点"懦弱"，不要害怕自己部下的能力超过自己，也不会因此而心生忌妒。

只要分析一下这篇演讲，我们就会发现，将军在这次演讲中正是采用了典型的正话反说的说话技巧。一开始，将军就"噼里啪啦"地抛出了愚蠢、无能、无知、懦弱、懒惰等一连串贬义词，让台下的学生听得目瞪口呆，不知道是自己听错了，还是将军说错了。然而，当将军逐一解释过这些贬义词后，学生们才恍然大悟，更深刻地明白了身为一个优秀的军事指挥官应该具有哪些品性和素养。

我们在日常生活中遇到的一些困境看似没有出路，然而，如果我们懂得巧用正话反说，不从正面出击，而是从背后或侧面出击，往往会有出人意料的收获。所谓正话反说，就是真中有假、假中有真，以一种曲折、间接的方式稍微歪曲一下你自己的观点，使之变得更加意味深长。借助这种正话反说的方式，听话者也能更深刻地理解你说话的意图。下面这个故事也是正话反说的例子。

玛丽这几天被一件小事搅得心烦意乱，原来，家里的水表突然坏了，家里明明没在用水，但水表上的数字却一个劲儿地往上蹿。有时候，一天会转好几吨水。发现这个情况后，玛丽立即给自来水公司打电话，对方答应马上就派人来查看。结果，玛丽等了三天，还是不见有人上门来。看玛丽着急上火，邻居威廉给她出了个好主意："你再给自来水公司打一个电话，告诉对方，自己家的水表停了，无论用多少水，水表一点都不转。"听了威廉的话，玛丽还有些怀疑，问："能管用吗？"转念一想，反正他们也没来，不如打电话试试吧。于是，玛丽依照威廉的话给自来水公司打了个电话。让她想不到的是，不到半个小时，自来水公司的维修车就开到了她家楼下。

玛丽正是运用正话反说的方式才顺利地把自来水公司的人请上了门，花最短的时间解决了问题。

6

「 活用认知悖论，掌握话语权 」

关键词提示：辩护、认知悖论、主动权

法庭是一个精彩纷呈的大舞台，百态人生在那里上演，严密的逻辑思维在那里碰撞出激烈的火花。控辩双方的律师想方设法，运用对自己委托人有利的逻辑来援引法律、叙述案情。通过听取双方的辩论意见，法官一点点还原案情真相，根据案情的相关逻辑在法典里援引法律条款，最终做出判决。因此，在法庭上，双方律师往往要在言语上展开一场激烈的较量，尽力让法官和陪审团认同自己的逻辑思路。

在法庭的辩护活动中，律师经常运用认知悖论来攻击或反驳对手。有的律师甚至还会用认知悖论来强词夺理，以干扰人们判断案情的性质。而那些出色的律师也会活用认知悖论，揭穿对手或嫌疑人的诡辩，让真相大白于天下。

亚伯拉罕·林肯在出任美国总统之前，曾当过一段时间的律师。其间，他还据理力争，为好友的儿子小詹姆斯在法庭上进行辩护。

小詹姆斯是库伯·詹姆斯的儿子，小琼斯是老詹姆斯·琼斯的儿子，两个小男孩是好朋友，常常一同玩耍、嬉闹。有一天，在农场一棵大树下，两人正兴致勃勃地玩着棒球。这时，小琼斯用力过猛，不慎用球打到了小詹姆斯的脑门上。小詹姆斯觉得对方是有意而为，因此，两人争执了起来，最后还打了一架。碰巧小琼斯的父亲老詹姆斯从一旁经过，才拉住了正在打架的两人。但是，两人没有继续玩棒球游戏，小詹姆斯气鼓鼓地回家了。当时，老詹姆斯认为两个男孩子打架不算什么大事，也许第二天就忘了。

然而，谁也想不到一件不幸的事情却降临在了琼斯家族身上。翌日清晨，老詹姆斯照旧早起，去院子里给草坪浇水，却看到了令人痛心的一幕：在草坪上那棵大树下面，小琼斯正躺在一摊血泊里，已经没有生命体征。一时之间，老詹姆斯如五雷轰顶，呆坐在草坪上，过了好半天，才爆发出一阵号哭。听到哭声，左邻右舍忙跑过来查看究竟。看到这番场景，邻里也大为震惊，谁也想不到一桩命案居然悄无声息地发生了。接着，人们一边安慰老詹姆斯，一边给警局打了电话。

警方很快赶了过来，封锁了现场，展开了严密的排查工作。琼斯家的左邻右舍都经过了警察的严密盘问，然而，他们并未从中获得任何有价值的线索。大家都眉头紧皱，不知如何是好。这时，一个名为亨利·法莫的小伙子却说自己亲眼目睹了小琼斯被杀害的全过程。实际上，这个小伙子是个游手好闲的小混混，每天吃饱喝足了就在街道上四处溜达，因此，确实有可能碰巧看到了凶手行凶的过程。

于是，亨利·法莫被带回警局，接受进一步的询问。据法莫所说，凶手很可能就是头一天与小琼斯打架的小詹姆斯。于是，小詹姆斯成了最大嫌疑人，被带回了警局。然而，小詹姆斯说自己离开小琼斯家的农场后就回家了，根本没有杀小琼斯。

老詹姆斯失去了心爱的孩子，多次要求法院处以小詹姆斯死刑。很快，法院就开庭了。法庭上，法莫作为原告方证人，发誓自己亲眼目睹了小詹姆斯杀害小琼斯的过程，指控他故意杀人。按照审理流程，辩护方律师可以在法庭上质询原告证人。而这位律师正是林肯。

林肯问："案件是哪天发生的。"

众人都觉得林肯的提问有失水准，但是，法莫必须遵守法庭规定，于是，他还是勉强回答了这个问题："9月18日。"

林肯："你确定你看到的凶手是小詹姆斯吗？"

法莫："千真万确！"

林肯："根据我的调查，当时你正在草堆里睡觉，听到声音后醒了过来，碰巧看到了小詹姆斯正在行凶。然而，小詹姆斯当时应该在那棵大树下面，而你所在的草堆距离他足足有四十五米，还是在晚上，你确定你真的看清楚了吗？"

法莫："昨晚月光很亮，我看得很清楚。"

林肯："你是通过衣着辨认出那是小詹姆斯的，还是别的方式？"

法莫："不是，我看清楚了对方的脸，当时月光恰好照在了他的脸上，我一下子就认出了那就是小詹姆斯。"

林肯："那你能详细地说一下案发的具体时间吗？"

法莫点点头："当然。我看到这件事后很害怕，赶紧跑回家。进门时，我抬头看了一下墙上的钟，是11点半。"

林肯思索了一会儿，扭过头，冲着法庭上的人们说道："各位，法莫说的证词都是假的，他是个骗子！"

林肯话音未落，现场一片哗然。林肯毫不理会老琼斯和法莫向他投来的愤怒的目光，接着说："按照法莫的说法，9月18日晚上11点半，他在月光下看到了凶手行凶的过程。然而，9月18日应该是上弦月，到了晚上11点半，月亮早就落下去了，月光从何而来呢？当然，证人也许是记错了时间，然而，哪怕时间再往前挪，当时的月亮也应该位于天空的西边，月光从西边向东边照射过来。然而，大树位于农场的西边，草堆位于农场的东边。也就是说，被告的脸是冲着草堆方向的，因此，月光不可能照到他脸上。那么，隔着这么远的距离，证人是怎么看清楚被告的脸的？"

最终，小詹姆斯被无罪释放。

林肯在分析案件时直接揪住了法莫言语间的逻辑悖论，运用认知悖论推翻了他的证词。听众一下子明白了事实的来龙去脉，知道是法莫冤枉了小詹姆斯。在社会实践中，我们也要学着运用认知悖论批判错误认知、驳斥虚假言论，真正做到正本清源。

7

「 语言逻辑，巧妙的推销艺术 」

关键词提示：推销、求教

日常生活中，我们经常会碰见推销员向我们推销五花八门的产品。有的人认为，做销售就是耍嘴皮子，其实不然，身为销售员，必须要有强大的逻辑思维能力、过硬的销售能力以及对产品性能深刻的理解能力，经过他们一番丝丝入扣的讲解，消费者才能慢慢意识到自己对这款产品的需求以及产品的功能。这样一来，才能成功地把产品卖出去。可见，语言逻辑在销售中发挥着多么重要的作用。

杰斐逊是一家大型电脑公司的销售员，一次，上司让他向一家大公司推销一款笔记本电脑。很多公司争着想做成这笔单子，竞争很激烈。杰斐逊年轻又肯吃苦，下了很深的功夫，这家公司也很认可他。在他看来，他有很大胜算。到了最后阶段，只剩下两家厂商了，等着那家公司做出最后的选择。最后，报告被呈递到公司总经理手里，由他直接定夺。总经理大笔一挥，把决定权交给了公司高薪聘请的技术顾问——毕业于麻省理工大学计算机系的工程师布鲁克。

于是，布鲁克在采购部专员的陪同下，再次细致地查看了两个品牌的电脑，听取了两家厂商的方案介绍。接着，布鲁克私下里跟总经理说，两个品牌的产品各有优劣，但是，听过两家销售员的介绍后，觉得其中一家比另一家更胜一筹。杰斐逊接到消息后,眼看就要前功尽弃,真是一筹莫展。他好不容易找到一个机会与布鲁克沟通,他竭尽所能地向布鲁克介绍自家产品性能如何优秀,希望拿下这笔订单。结果,布鲁克连连摇手,不耐烦地说:"到底我是专家,还是你是专家?"

杰斐逊垂头丧气地回了公司,心想,这笔生意要泡汤了。听了他的一番诉苦,公司一名经验丰富的推销专家提出了建议:"这种情况不如采用以退为进的推销策略。"接着,他又将"向师傅推销"的技巧传授给了杰斐逊。所谓"向师傅推销",就必须怀有求教的谦虚心态,时刻谨记对方才是这方面的专家,在无形中展开推销攻势,伺机而动,不着痕迹,才能收获出其不意的好效果。

于是,杰斐逊打起精神,再次去找布鲁克。一见面,杰斐逊就说:"先生,您好!我今天来拜访您,不是来向您推销产品。上次跟您谈过之后,我觉得您的分析很深入,正像您指出来的,比起另一家公司,我们的产品在功能上确实有所欠缺。因此,我们决定放弃这次竞争。但是,我衷心地希望能向您求教。您是计算机方面的行家里手,希望您能提点提点我们,今后,我们再遇见类似的竞标,要如何才能生存?如何才能最大限度地呈现出我们产品的优势?"

听了杰斐逊的一番话,布鲁克心情大好,用友好的语气说:"振作一点!其实你们的电脑也很不错,设计上也花了很多心思。"接着,他历数了一大堆产品具有的优点,"产品的性能是一方面,售前售后的服务也是我们重点考察的部分,尤其是装软件方面的服务。你们今后应该在这方面重点加强。"

不久后,一件让杰斐逊倍感意外的事情发生了:他竟然为公司拿下了这笔订单。布鲁克的意见自然在其中发挥了决定性作用,经过那次谈话,他对总经理说,其实两家公司的产品在性能上难分高下,但他坚信杰斐逊的公司能提供更优质的服务。总经理自然听取了资深专家的意见,这笔原本马上要泡汤的生意最后却成功了。

一开始,杰斐逊的推销工作进展得并不顺利,于是,他采取了以退为进的策略,向对方明确表达了"求指导"的态度,对方就会不自觉地更容易接纳你、认可你。"先向师傅学推销，再向师傅推销"是推销中最高明的一个技巧，即使某次推销没成功，也可以抱着讨教的态度去拜访客户。拜他为师，深入了解推销失败的原因，争取下次把产品成功推销出去。

8

「 反语广告，"吸睛"的法宝 」

关键词提示：反语、猎奇心理

运用反语有两种情况：一种是反话正说，另一种是正话反说。反话正说可以吸引人们的注意力，正话反说同样也很有趣味。如果能恰到好处地运用反话和正话，就能达到出奇制胜的效果。

当你刚刚来到一座陌生的城市，发现路边一家小餐馆的招牌上明明白白地写着"肮脏牛排店"几个醒目的大字，犹豫片刻后，你究竟会不会走进去呢？看到这个别出心裁的招牌，我们脑海里会自动浮现出这家饭馆厨房里脏兮兮的场面：碗碟沾满了油渍，油污遍地都是，污水到处乱流，饭馆大堂里烟雾缭绕，绿头苍蝇到处飞舞着。置身于这番场景中，哪里吃得下去饭呢？你很可能拔腿就走，躲得远远的，再去寻觅一家干净整洁的饭馆犒劳饥肠辘辘的自己。然而，也存在另一种截然相反的情况。或许，你会在好奇心的驱使下，决定要去这家小店开始一场"冒险"。

实际上，"肮脏牛排店"是美国得克萨斯州一家很有名的牛排店。如果你胆子很大，愿意踏入这家牛排店，一定会发现呈现在你眼前的与你之前想象的完全不同。这家店在装潢方面花足了心思：顶棚的天花板上糊了一层厚厚的人造灰，用一闪一闪的煤油灯照明，墙壁上贴着很有年代感的明信片，纸片四角已经微微卷起，大堂的一个角落里还摆放着几双破旧的草鞋。在这里用餐,就像置身于得克萨斯州的农庄里。一时之间,你仿佛穿越了时空,回到了几十年前。

在"肮脏牛排店"还有一项规定:来店里用餐的客人一律不允许打领带。要是你不知道这条规定,打着领带去店里用餐,就会发生让你大吃一惊的情况。你拿起刀叉,正准备用餐,一个服务员满脸堆着笑容,走到你面前,猛地从口袋里掏出一把剪刀,手起刀落,只听"咔嚓"一声,你的领带就被剪去了一截。你不知所以然,正要兴师问罪,一旁一个恭候多时的服务员会快步上前,及时地为你端上一杯陈年佳酿,还会附送一份精美的纪念品作为补偿。接着,服务员还会向你索要一张名片,得到你的同意后,将这张名片和那截领带一起贴在墙上,作为留念。然而,牛排店的这一招从来没有引起顾客的不满,却让顾客觉得趣味盎然。

实际上,这家店用"肮脏牛排店"作为招牌,就是利用反语给饭馆打广告。巧妙地运用"逆向思维"满足了来店里吃饭的人们的好奇心,生意也越做越红火。当然,在利用逆向思维打广告时必须兼顾现实条件,否则就会显得矫揉造作。

9

「 话里有话,一个词的两个意思 」

关键词提示:暗藏玄机、话里有话

有时候,某位朋友做了一件傻事,如果我们直接说他是"傻瓜",就会让他下不来台,这时,就会运用正话反说的方式,说他"真是一个宝贝"。在语用交际中,我们有时会用"你真聪明"替代"你是个傻瓜";用"你真是妙语惊人"替代"你说得太不像话了"。比起当面指责对方,这种"话里有话"的说话方式营造出的效果更婉转,也更容易让对方接受。

恰当地运用话里有话的说法方式,能更迂回地表达自己的意思,有时甚至比直接指责更有力量。要把话里有话说得恰到好处,一方面要在"巧妙"上下功夫,另一方面还要态度诚恳,在"真"与"假"、"是"与"非"等实质问题上不能黑白颠倒,否则会招致不必要的麻烦。

碍于当时所处的社会大环境,鲁迅先生经常不能直接表达自己的所思、所想,于是,他说的话表面上是一种意思,实际上又暗含了另一种意思,通过这种方式与敌人做斗争。在先生的散文或杂文里,类似的例子比比皆是。比如,鲁迅先生在《藤野先生》一文中描述了前往日本留学的大清国学生。文中提到,在日本上野的樱花树下,来自大清国的留学生一头乌黑油亮的大辫子格外引人注目:"有的在头顶盘起一个大辫子,学生帽的顶也高高耸了起来,成了一座富士山。也有的解散辫子,平平地盘在帽子里,摘下帽子,油光可鉴,就像小姑娘精心盘起的发髻,脖子还要扭上几扭,看上去真是标致极了!"一般情况下,我们常用"标致"这个词来形容面容姣好,精致美丽。鲁迅先生在文章的语境中却赋予了"标致"另一重含义,辛辣地讽刺了当时大清国留学生的腐朽落后。

还有一个故事,一天,中央电视台体育频道的知名解说员黄健翔先生前去采访荷兰当红球星路德·古利特。这位球星性格有些古怪,刚见到黄健翔,他就拒绝接受采访。一时之间,两人之间陷入了令人难堪的僵局。黄健翔很为难,如果就这样打道回府,根本无法向领导交差。那么,"名嘴"黄健翔是如何打破僵局的呢?

古利特:"对不起,我对记者没有好感,不接受任何采访。"

黄健翔:"先生,我想您误会了,我不是来采访您的。"

古利特:"那你来这里做什么?"

黄健翔:"我是来向您转告中国球迷的祝福。您看看这些信,都是您在中国的铁杆球迷写给您的,我把它们带过来,就是想亲手交给您。这些信的内容有一个共同的特点,那就是深深地祝福您。"

古利特看着对方手里那一摞厚厚的信,态度缓和了很多:"啊,中国球迷太热情了,我很感动。"

黄健翔:"先生,其实中国球迷都觉得您太傻了。"

古利特有点吃惊,问:"为什么他们会这么想?"

黄健翔:"他们觉得,您已经是大球星了,但是,为了把球踢好,到了周末仍然坚持锻炼,从来不愿放松片刻。他们觉得您太傻了!但是,您越傻,他们就越喜欢您!"

古利特听了,乐得合不拢嘴,说:"实在太感谢这些球迷了,谢谢他们的支持。"

黄健翔马上抓住时机,说:"那我能不能代表中国球迷问您几个他们很关心的问题?"

古利特让开门,请他进去,说:"当然可以了!"

黄健翔很有智慧,他机敏地发现,古利特并不愿意接受采访。于是,他不像其他记者那样软磨硬泡,而是用自己的诚意争取到了与对方交谈的机会,最终打动了对方,完成了采访任务。在交流中,他说中国球迷觉得古利特很"傻",其实这话里就暗藏玄机。"傻"这个词看似是贬义,其实却是在大力称赞对方尽职敬业。于是,黄健翔正是通过这种"山路十八弯"的说话方式最终完成了采访的任务。

❿

「 诱导性语言,都是"纸老虎" 」

关键词提示:假设、事实根据、诱导

日常交流中,有的人想回避某个问题,经常会在措辞上使用一个虚张

第十章 语言逻辑：逻辑成就语言大师

声势的开头，比如"显而易见""众所周知""不可否认"等，对方这么说，就是试图诱导我们跟着他的逻辑走。

只有对一切情感语言保持怀疑并以客观事实作为基准，我们才能时刻让自己的大脑保持清醒。当有人试图告诉我们应该做什么、相信什么，他这时往往是试图诱导我们，想要牵着我们的鼻子走。事实上，那些虚张声势的字眼也就意味着对方正在竭力回避问题。

很明显，对方提出某些问题是试图诱导我们给出特定的答案，同时巧妙地避开另一些问题。比如说，"你根本不是这么想的吧？""这种说法不正确吧？""你不认为这种方式是合情合理的吗？"都是对方试图用诱导性的语言一步步引导你说出他预想中的答案。"你是真心爱我的，不是吗？""我花了500块钱买了这双高跟鞋，太划算了，不是吗？""你难不成觉得这幅画了一些奇怪线条的画是伟大的艺术作品？"面对这些极具诱导性的问题，你的思维不知不觉就跟着对方跑偏了。

大学校园里，男孩对刚在课堂上认识的女孩说："约会的时候，我能用自行车载你吗？"他抛出一个"骑自行车"的问题，却可以回避了另一个问题。实际上，同时存在着两个问题：第一个问题是能不能用自行车载女孩，第二个问题却被男孩巧妙地回避了，那就是他已预设女孩同意和自己约会。然而，事实上，男孩并不知道对方能否同意与自己约会，在决定使用哪种交通工具前，本应该先讨论这个问题。

还有一个例子，有一天，A、B二人坐在街边的长椅上。A坐了一会儿，觉得无聊，开始偷瞄B正捧在手里阅读的书。但是，书上的字排得密密麻麻的，没有一张插图。于是，A心想道："这本书连插图都没有，能有什么用？"实际上，A已经通过提问题的形式在心里默默地回答了这个问题。

而在逻辑严谨的法庭上，A提问的这种形式是不被允许的，因为类似的问题一早已经预设了正确的答案，带有某种明显的倾向性，诱导听话者给出某个既定答案。一旦有人提出这种具有"诱导性"的问题，对方律师肯定会马上发现，并提出异议。

一个经典的问题就是"你看到这辆车的前灯破掉了,当时,你人在哪里?"这时,律师肯定会反驳道:"不能用假定的事实作为证据,我们尚未确定汽车前灯破掉这个假设是事实,因此,这个问题具有诱导性。"于是,对方律师必须重新提出问题:"那么,你有没有看到汽车的前灯破掉了?"

"你现在还会打儿子吗?"也是一个经典的例子。这时,律师也会提出异议:"这是诱导性问题,不能将假定事实作为证据,我们还没有确定被告是否殴打他的儿子。"面对这样具有诱导性的问题,被告回答"会"或者"不会",其实都相当于默认他殴打了儿子。

有的人提出的假设是没有根据或理由的,隐藏在背后的目的是为了回避另一个问题,从而诱导对方说出自己想要的答案。我们在生活中一定要留心这种诱惑性的假设,避免掉入逻辑的陷阱。

11

「 博弈,有策略地讨价还价 」

关键词提示:目标偏好、讨价还价、双赢

古人有云"世事如棋",每个人都是人生的棋手,一举一动就是在一张看不见的巨大棋盘上布下一颗颗棋子。有的棋手很聪明、很谨慎,相互揣摩、制衡,每个人都希望成为最后的赢家。于是,呈现在世人面前的棋局也变幻莫测、精彩纷呈。在日常生活中,讨价还价的小插曲几乎每天都在上演着,其实这也是一种生活中的博弈。要想在这场小小的博弈中胜出,就要懂得赎尸博弈的逻辑。

春秋时期,郑国有一年夏天发了大水,一位富商在赶路途中不小心掉入洪水里,溺水身亡。富翁的尸体顺流而下,被一个路人碰巧发现了。富商的家眷一想要赎回尸体,然而,那个路人却开出了很高的价格。

邓析是春秋年间名家学派的创始人,富商的家眷专门前去向他讨教,如何才能用相对合理的价格赎回尸体。邓析安慰道:"切莫着急,此人不可能将尸体卖给他人。"那路人听说了邓析的这一番话后,顿时着急了,急匆匆地赶来找他,问他如何才能把尸体卖个好价钱。邓析又安慰道:"切莫着急,富商的家眷去别处也无法买到尸体。"

邓析的语言表述逻辑清晰:路人能否以高价将尸体卖出,完全取决于对方家眷是否愿意出高价;对方家眷能否尽量以低价赎回尸体,完全取决于路人是否愿意接受低价。邓析的三言两语看似简单,其实已给出了很中肯的建议:双方处于博弈之中,完全可以按照自己的目标偏好理性地与对方进行讨价还价。

通过分析上述对弈的效用矩阵,我们就会发现,这个对弈其实包含了三个纳什均衡:

第一,开出高价、卖出高价这一结果对得尸者有利。如果赎尸者不能根据实际情况准确预测得尸者的行动选择,就会因为着急赎回尸体而草率做出出高价的决定,这样一来,就会出现开出高价、卖出高价的纳什均衡。

第二,开出低价、卖出低价这一结果对赎尸者有利。如果得尸者不能根据实际情况准确预测赎尸者的行动选择,就会因为着急卖出尸体而草率做出出价低的决定,这样一来,就会出现开出低价、卖出低价的纳什均衡。

第三,开出中价、卖出中价,这一结果是双赢。如果双方都采纳了邓析的建议,就会在坚持目标偏好的前提之下与对方理性地讨价还价,那么,最后就会达成一致,得出一个中价的成交价格。随着出现双赢局面,目标也从冲突变为合作。

第十一章

逻辑悖论

识破哲学家的小把戏

1

「　美诺悖论：向理性思维发起挑战　」

关键词提示：认知悖论、起源

在科研领域乃至人类思维模式中，都有很多因认知悖论引起的难以攻克的问题。因此，认知悖论看似与我们实际生活相去甚远，其实却密切相关。那么，"认知悖论"究竟是什么呢？

古希腊时期的诡辩派提出的"美诺悖论"是认知悖论的起源，接着，"逻辑悖论""罗素悖论"等各种形式的认知悖论又陆续出现。通过了解这些悖论的定义，我们能更清楚地认识到"认知悖论究竟是什么"。

在逻辑学和哲学领域里，"美诺悖论"被视为人类逻辑思维形式的一块"绊脚石"。据说，当年苏格拉底和美诺围绕着"研究何以可能"这个主题展开了一场辩论，其实，一个认知辩论就包含在这个辩题里。辩论过程中，苏格拉底运用渊博的知识滔滔不绝地阐述了这个悖论："任何人都不应该花精力研究任何已知或未知的事物：如果面对的是已知事物，那么，完全没必要再研究；如果面对的是未知事物，那么，人们根本不知道自己的研究对象是什么，也没有必要研究。"

柏拉图曾在《美诺》篇中花费大量笔墨论述了这个悖论背后隐藏着的危害性："持有这种观点的人其实不知不觉陷入了一种认知悖论。任何人都不应该把时间、精力耗费在研究不可能性的事件上。面对未知的事物，我们没必要着急弄清楚它们究竟是什么，当然，我们可以做一些准备，为后人进一步研究提供基础。说到底，这就是一种'懒汉的幻想'，我会尽毕生之力与其做斗争。在生活中遇见突发事件时，我们不妨更勇敢一些，随机应变有何不可？"对于"研究何以可能"这个问题，亚里士多德也提出了一些解决途径，然而，关于"美诺悖论"的分析他的缺陷也显而易见，因此，他提供的方法只能用来解决因为演绎性知识而导致的悖论。

面对"美诺悖论"，如果我们更审慎一些，就会发现，它的论证前提完全是从"知道"或"根本不知道"这两个极端的前提条件出发，因此，它本身就是不成立的。也就是说，其实知识本来就处于"不知"与"全知"之间。

我们要先对逻辑思维和逻辑形式有所了解，才能进一步研究"美诺悖论"。事实上，早在数千年前，中国古代先哲就开始探讨多主体之间互相关注的问题，历史上很多流传千古的辩论也将此类知识涵盖其中，比如，"濠梁之辩"就为后世留下了"子非鱼，焉知鱼之乐"与"子非我，焉知我不知鱼之乐"的辩论名句。

当年，惠施与庄子一日在濠梁游玩。庄子看着水中的鱼儿游来游去，感慨道："鱼儿能在水里无忧无虑地嬉闹，它们应该很快乐吧！"

惠施反驳道："你又不是鱼儿，你如何能知道对方到底快不快乐呢？"

庄子又反驳道："你又不是我，你又如何能知道我知不知道鱼儿到底快不快乐呢？"

这种诘问一直继续下去，最终，这场辩论将永远没有结束的那一天。其实，这个辩题很复杂，是一个涉及多个主题的认知命题，还可以在多主体之间展开互知推理，已经超出了我们一般人的思维范畴。

认知逻辑是认知悖论的基础，悖论中包含的认知命题的数量越多，推理过程就越复杂，最终得出的结论也是多样化的。要解决类似的问题，可以从以下三方面入手：第一，找出认知悖论前提条件里存在的问题；第二，判断研究这一悖论的推理形式是否行之有效；第三，论证最终得出的结果是否准确。

「 赌徒悖论：总有人心存侥幸 」

关键词提示：蒙地卡罗、随机、概率

赌徒悖论又名为蒙地卡罗悖论，蒙地卡罗位于摩纳哥大公国，是一座非常繁华的赌城。摩纳哥的赌博业在国际上都享有盛名，而蒙地卡罗的赌博业又在摩纳哥首屈一指。因此，人们就用这座在全球赌博业内享有盛名的赌城来给"赌徒悖论"命名。

赌徒悖论在日常生活也很常见，指的是一种与逻辑不符的推理方式。它认为，一连串事件的最终结果都存在着某种程度上的相关性，比如事件A的结果影响了事件B，那么，事件B就"依赖"于事件A，也就是说，在随机序列之中，某件事情发生的概率受在此之前发生的事情的影响，随着之前该事件没有发生的次数的累积，该事件发生的概率会越来越高。

在跌宕起伏的期货或股票市场里，有时候会连续出现好几个跌停板，这时，很多投资者就会认为不会继续跌下去了，市场可能出现反弹，是入手的好时机。有些经验丰富的投资者反而更容易犯下赌徒悖论的逻辑错误。他们认为自己经验老到，市场经过接连几个跌停后，一般都会相应出现反弹。事实上，下一次发生"跌"和"涨"的概率是相同的。在股票或期货市场里，经验根本就不奏效。有的投资者草率地根据经验买进，最后有可能把本金都输得精光。

2015年，北京大学心理学系就"赌徒悖论"做过一个实验。最终结果表明，在中国的资本市场上，"赌徒悖论"在那些受教育程度较高的个人投资者人群中对股价序列的变化起着支配性影响，换言之，无论股票价格是

连续下跌还是上涨，投资者都认为股票价格在接下来的走势会发生逆转，也就是说，他们不觉得事情会一直向好的方向发展，也不觉得事情会一直向坏的方向发展。

这个实验中，一共挑选了300名拥有较高学历的实验对象来参与实验，这些人都是在职人员，包括人民大学金融学院硕士、北京大学工商管理硕士、清华大学经济管理专业硕士、注册金融分析师（CFA），他们来自各行各业，从业经验从5年到15年不等。这次实验主要通过调查问卷的形式来开展。在实验里，假设每个人账户里都有10万元的启动资金，让他们在股票里进行投资。他们都拥有投资理财顾问，向他们推荐的两支股票也几乎没有区别，唯一的区别在于其中一支连续上涨，另一支连续下跌。假定连续上涨或下跌的时间段可以分为四组，分别是3个月、6个月、9个月、12个月。每个投资者给出一个时间段，明确表示自己购买意愿强烈与否，可以在"肯定购买连续上涨股票""倾向于购买连续上涨股票""没有倾向性"、"倾向于购买连续下跌股票""肯定购买连续上涨股票"这5个选项之间做出选择。最后再观察在各种上涨或下跌情况下，他们的股票卖出情况。

实验最后的数据表明：当股票处于连续上涨的情况下，它连续上涨的持续时间越长，投资者买入的可能性就越低，卖出的可能性就越高，当预测这只股票在下一段时间是否还有可能继续上涨时，期待值也整体呈下降趋势；反之，当股票处于连续下跌的情况下，它连续下跌的持续时间越长，投资者买入的可能性就越高，卖出的可能性就越低，当预测这只股票在下一段时间是否还有可能继续下跌时，期待值也整体呈下降趋势。也就是说，无论是上涨还是下跌，随着持续时间的拉长，投资者身上展现的"赌徒悖论"就愈发明显。

「 罗素悖论：谁来为理发师服务 」

关键词提示：集合论、自身元素

19世纪末期，德国著名数学家康托尔提出了"集合论"。刚刚提出时，集合论遭受了众多知名学者猛烈的抨击。然而，不久后，很多数学家意识到这其实是一个突破性成果。随着集合论被越来越多的人接受，数学家们欣喜地发现，只要以康托尔提出的"集合论"与自然数为出发点，就能轻轻松松构造起一座数学理论的摩天大楼，甚至在数学逻辑上是完美无瑕的。于是，人们纷纷将"集合论"视为打开现代数学神秘世界大门的钥匙，他们欢欣鼓舞，认为"只要从集合论出发，一切数学问题都能得到合理的解释"。

怎料，好景不长。不久后，英国知名的数理逻辑学家伯特兰·罗素发出了不同的声音。在他看来，"集合论"的逻辑并不是完美无瑕的，反而有一个不易察觉的逻辑漏洞。接着，罗素认真研究了逻辑悖论来进一步佐证自己的观点。

当时，德国著名数学家弗雷格在康托尔研究成果的基础上进一步完善了"集合论"，相关学术意见的书稿刚刚书写完成，准备交给出版社付印。然而，一天，他突然收到了一封来自罗素的信。为了阐明自己的观点，罗素运用了一个逻辑悖论。读完这封信，弗雷格发现，这个悖论已经撼动了自己研究成果的根基。最终，他在书稿最末一页写道：对于一个科学家来说，最让人崩溃的事情是，当他自认为自己的研究工作马上大功告成时，却发现自己的研究基础已经不复存在。

在一个小村子里，有一名手艺很好的理发师。他给自己立下了一条规矩：我只为那些不自己剃胡子的顾客剃胡子。那么，这位理发师究竟给不给自己剃胡子呢？这就是在认知悖论中很有名的"罗素悖论"。那么，根据我们已有的逻辑知识，你能否分析出这个悖论的逻辑矛盾何在呢？

这个理发师究竟给不给自己剃胡子呢？就逻辑层面而言，只有两种可能的情况：一种是给自己剃胡子，另一种是不给自己剃胡子。然而，经过一番逻辑分析后，我们就会发现，这两种可能的情况都会产生逻辑矛盾。

第一种情况是理发师不给自己剃胡子，按照他给自己立下的规矩，他只给不给自己剃胡子的人剃胡子，因此，他确实是应该给自己剃胡子的。也就是说，如果以不给自己剃胡子为出发点，理发师必然得出的结论就是：他应该给自己剃胡子。然而，这本身就有逻辑矛盾。

第二种情况是理发师给自己剃胡子，按照他给自己立下的规矩，他只给不给自己剃胡子的人剃胡子，因此，他是不应该给自己剃胡子的。也就是说，如果以给自己剃胡子为出发点，理发师得出的结论就是：他不应该给自己剃胡子。这个逻辑矛盾也是显而易见的。

可见，就"理发师到底给不给自己剃胡子"这一问题上，无论给出什么答案，逻辑矛盾都是不可避免的。按照逻辑学的说法，这种现象就是逻辑悖论。作为一种逻辑矛盾，悖论很难被消除或化解，这时任何常规的逻辑方法都会失效。

罗素提出这个"理发师悖论"就是用通俗的语言来表达他所发现的集合方面的悖论问题。有的集合从表面上看是自身元素，比如说，任何不属于铅笔元素的集合，而且它自身也不是铅笔，但它必然是这个集合自身元素中的一种。可见，这是集合并不是由自身元素组成的，那么，这个集合内是否拥有本身元素呢？无论作何回答，在逻辑上都是矛盾的。

与之类似的，是苏格拉底曾对别人说过的一句话，"我只明白一件事，那就是我一无所知"。这明显也是一个悖论，我们永远也不会知道苏格拉底到底知不知道他所提到的这件事情。

4

「 分散投资悖论：别把鸡蛋装在一个篮子里 」

关键词提示：分散投资、悖论

有的股民初入股市，免不了听到来自资深专家的投资建议："投资要分散，别把鸡蛋装在一个篮子里。"也就是说，只有分散投资，才能实现利益最大化、损失最小化。然而，在逻辑上，这一条投资原则成立吗？它究竟是真是假，能为投资者带来收益吗？

"分散投资"的观念长期以来广为投资顾问所推崇，但是，"分散投资"其实是一条投资悖论。我们可以从以下两方面来考虑这个问题：

首先，根据我们所掌握的有限的逻辑知识，试图用简单的观念来阐述复杂的主题是很容易出错的，因此，我们不妨利用演绎逻辑，将这条投资定律放在特定的境况下进行检验。相对来说，"投资"这个主题更复杂，而"分散投资"这个建议更简单，用简单的建议来解决复杂的问题，可见，这个建议肯定是错的。"分散投资"这个简单建议过度简化了"投资"这个复杂问题，因此，这条投资定律并不是身处复杂投资环境中的每个投资者可以适用的。演绎法就是与其相关的推理类型。将"复杂的问题没有简单的答案"这一概括作为前提条件，而这个前提又适用于分散投资的有关陈述。可见，分散投资原则在一般角度上已经被否定，接着，我们如何从特定角度上来否定它呢？

其次，我们要找到一个与分散投资的概括相反的特定例子来证明这一概括是错误的，换言之，只要我们能举出投资者通过集中投资而获利的例子，就能证明分散投资的原则是错误的。也就是说，如果要判断这一概括在上面情况下成立，就必须满足一些更详细的说明或限制条件。这些限制条件能帮助投资者在不同的投资状况下选择更合理的投资渠道。

我们现在就来证明确实有投资者通过集中投资的方式而获利。比如比尔·盖茨一开始采取集中投资的方式，只投资了微软这一家公司，一跃成为世界首富；接着，他又采取分散投资的方式，却在好几个项目上赔了钱。1992年，金融巨鳄索罗斯看好英镑，对这种单一同行货币投入了100多亿美元的成本，结果短短几天就获利15亿美金；接着，索罗斯开始采取更保守的投资策略，进行分散投资，却屡屡赔钱。

由此可见，投资的关键不在于资金的分散或集中，而在于是否能在正确的时间节点上进行合理的投资。换言之，能否获利其实与分散投资或集中投资并没有直接关系。可见，我们应该将更多的时间和精力放到投资方式和投资渠道的研究上，选择一种更合理、更理性的投资方式，而不用一直纠结究竟是分散投资还是集中投资。如果我们最终选择了分散投资，也不能因此就想当然地认为自己的资金是绝对安全的；与之相应地，如果我们选择集中投资，也不能由此就断定自己会因此获利。

说到这里，从逻辑层面来思考这个问题，资本市场中那个现实而无情的真理已经昭然若揭，那就是，根本就没有投资获利的不二法门。上述论证足以证明，分散投资定律是一种被过度概括的逻辑悖论。作为一种过度概括，分散投资这种投资观点诱惑着投资者逐渐脱离现实情况来做出错误决定；作为一种被简化的结论，它隐藏着一种虚假的真理，诱惑着投资者远离理性。简化在本质上与其他类型的过度概括是一样的，我们要竭力避免受它所传递的虚假观念的影响。

5

「 学费悖论：应不应该交学费 」

关键词提示：半费之讼、二难推理

古往今来，众多国内外哲学家、逻辑学家提出过许多令人深思又趣味盎然的逻辑悖论，至今仍为人们津津乐道。逻辑悖论之所以这么吸引人，主要在于其独具魅力的思辨性。正如我们所知，因为我们对事物的认识还不够全面而深刻，因此，在逻辑上产生了悖论。在那些不熟悉甚至完全陌生的领域里，哪怕是知识渊博的学者也会犯很低级的逻辑错误。实际上，逻辑悖论就像一把双刃剑：有的人可以利用对方对某个事物认识上的盲点来辩驳；而如果对方恰好也是逻辑思维方面的高手，则也可能会敏锐地揪出逻辑悖论中的谬误，直击要害。古希腊时期发生的一桩学费诉讼案就是典型的例子。

据说，古希腊时期有一个青年人名叫欧提勒士，他对法律方面的知识很感兴趣，于是，拜当时的辩论高手普罗塔哥拉为师，向他学习法律知识。二人签订了一份合同，约定欧提勒士的学费分成两次交付，学习开始时先付一半学费，等毕业后第一次出庭打赢官司再付另一半学费。然而，毕业之后，欧提勒士在很长一段时间里却没有投身律师行业。普罗塔哥拉等来等去，失去了耐心，于是，去法庭控告欧提勒士。作为原告，普罗塔哥拉在法庭上说道："按照我俩当时的约定，如果我打赢了这场官司，那么，法院就应该判决被告把另一半学费付给我；如果被告打赢了这场官司，那么，他还是应该把另一半学费付给我。可见，无论这场官司是输是赢，被告都应该付给我另一半学费。"

正所谓名师出高徒,欧提勒士并没有被普罗塔哥拉的一番话难倒。相反,他还很不服气,针锋相对地回应道:"如果我打赢了这场官司,那么,法院应该判决我不用把另一半学费付给原告;如果我打输了这场官司,那么,按照我们当初的约定,我也不用把另一半学费付给原告。因此,这场官司无论输赢与否,我都不用把另一半学费付给原告。"

听了两人的一番陈述,端坐在审判席上的法官也不知所措,显然,这桩"半费之讼"陷入了进退两难的境地,实在太难裁决了。姑且不论案件本身的是非曲直,"半费之讼"是逻辑上的矛盾,如果原告和被告都不愿退让,双方大可以一直针锋相对下去。

在这桩著名的"半费之讼"中,普罗塔哥拉和欧提勒士都巧妙地提出了一个逻辑悖论,让对方陷入了左右为难的境地。通过二难推理在逻辑上制造了一个死循环,最终,法官也无法裁决,只能不了了之。

学费悖论堪称是众多认知悖论中的经典案例,向世人生动地展现了认知悖论给人们带来的无穷无尽的困扰。在日常生活中,如果我们每个人都像上文的那对师生那样运用认知悖论展开无休无止的辩论,那么,就会有更多的正事被耽误。然而,即使这样,认知悖论对于人类思维的不断发展还是有着很多积极意义,因此,许多逻辑学家仍专注于研究认知悖论。

第一,随着人们对认知悖论了解的加深,哲学研究取得重大突破。从古希腊时期到中世纪,再到20世纪,有关认知悖论的研究接连三次攀上学术的高峰。随着认知悖论的出现,人类思维活动的普遍性规律得到进一步揭示,哲学理论的研究范围得到进一步开拓。通过加深对认知悖论的认识和了解,逻辑学家和哲学家也更深入地了解了人们在逻辑思维上最容易犯的错误有哪些。

第二,随着对认知悖论研究的不断深入,现代逻辑学取得了长足发展。认知悖论本身就很复杂,众多逻辑问题蕴藏于其中。以"上帝全能悖论"为例,里面就涉及如何利用多个"可能事件"作为模型来分析认知表达式所蕴含的逻辑意义。就逻辑层面而言,认知悖论并不局限于探讨一系列逻辑悖论的有关命题，而是致力于对认知主体，也就是人进行探索。

现实生活中，我们每个人都是与生俱来的推理者，因此，当推理基于多个认知主体而产生时，它就会显得尤为复杂。

认知推理的过程一方面涉及思维对象的有关知识，另一方面涉及社会系统里的推理主体，也就是人。作为推理主体，人们不光要在逻辑上推理其他人思考的结果，还要推理并分析自己思考的结果。于是，逻辑推理过程一直处于动态的发展变化中。于是，认知悖论所揭示的逻辑矛盾也应运而生。然而，我们必须要明确的一点是，认知悖论的出现并不意味着认知逻辑的存在基础崩塌，实际上，认知悖论恰恰是人类构建更精密、复杂的逻辑工具的重要基础。随着我们对认知悖论研究工作的深入，认知逻辑的理论研究也会得到进一步完善。

第三，对认知悖论和认知逻辑的研究能进一步推动方法论的发展。认知悖论古已有之，而直到 20 世纪初，认知逻辑才被人们正式提出，接着，包括博弈论、人工智能在内的许多新事物也应运而生，进一步推动了认知逻辑尤其是认知悖论的研究工作。因此，我们应该进一步调和二者之间的关系，让两个学术分支相辅相成，步入共同繁荣的新阶段。

6

「 循环论证：换一种方式表达 」

关键词提示：循环论证、假设、结论

人类尿液里含有的黄色色素是什么？人类的尿液之所以是黄色的，是因为里面含有尿色素，而尿色素是黄色的。为什么服用了吗啡会昏昏欲睡？吗啡之所以让人想睡觉，是因为它有催眠的作用。上述两个例子里，给出

的答案正确吗？我们只要稍微用心地读一两遍，就会发现，这根本算不上答案，只是为了蒙混过关将之前的那套说辞换一种说法罢了。

在一所大学里，有一位哲学老师，每次考试后讲解选择题时，都是干巴巴地念答案，却从不给学生讲解为什么选 A 是错的，为什么选 B 是对的。学生提问时，他就回答根据答案提供的正确选项，因为某个选项是对的，所以其他选项是错的。对此，学生都表示很无奈。实际上，该老师的回答与上文中的两个回答在本质上是一样的，这种忽悠的说法在逻辑上就是循环论证的谬误。

循环论证是生活中常见的一种论证谬误。有时候，辩论乙方为自己的某个观点提供了一些看似可信的新证据，实际上，不过是换汤不换药，把原来的内容换了一套说辞罢了。逻辑学家之所以把循环论证认定为是逻辑谬误，是因为在论证的过程中，它将论证的前提当成了论证的结论，也就是一早就定下了结论。

大卫·休谟是 18 世纪苏格兰著名的哲学家，著有《论神迹》一书。而后世的逻辑学家就将他在此书中用来推翻神迹的论点视为循环论证的经典案例。他在《论神迹》中这样写道："我们可以总结为，基督教不仅仅在一开始是追随着神迹而产生的，即使到了现代社会，任何讲理的人也不会在没有神迹预示的情况下就草率地相信基督教。如果只是从理性出发，我们是无法相信其真实性的，而那些因为信仰而接受基督教的人，肯定是因为神迹不断在他脑海里浮现，从而抵挡住他所有与之相冲突的认知原则，让他坚信这个有悖于传统和经验的结论。"论证时，休谟提出了多个论据，每个论据都是为了服务于"神迹是无法在理论上给予宗教多少依据的，它只是对自然法则的一种违背"这一论点。在这种认识的基础上，接着，休谟又在《人类理解研究》这本书里为"神迹"下了定义："神迹是对最基本的自然法则的一种违背，而它的发生概率是极低的。"

如果反复琢磨一下休谟的论述，我们就会发现，在检验有关神迹论点的正确性或真实性之前，休谟已经早早假定了神迹的特点及其与自然法则的冲突，在此基础上，演绎了一番让人们难以察觉的循环论证来佐证自己的观点。

作为一代哲学大家，休谟这番循环论证堪称高深，而事实上，我们在日常生活中也经常因为一些琐事犯下循环论证的逻辑错误。父母在不确定孩子是否犯错的情况下就草率地指责他们，通常会说："你瞧瞧你，半点羞愧的意思都没有，你难道还不知道自己错在哪里了？"然而，如果孩子没有犯错，他又怎么会流露出羞愧的神情呢？

在网上看到一则有趣的帖子：几个人去一家饭馆吃饭，很快，一盘香喷喷的松鼠鱼被端上桌了，只见那鱼嘴一张一合的，鱼鳃还扇来扇去，几个人很好奇，于是把经理叫来询问："为什么鱼烧熟了，鱼嘴和鱼鳃还能动呢，这是怎么一回事？"经理笑笑，和气地解释道："咱家请的厨师是做鱼的一把好手，厨艺那叫一个得。所以啊，有时候鱼明明已经熟了，端上桌来，那鱼嘴啊，鱼鳃啊，还一动一动的。您别说，有时候鱼肉都吃光了，只剩下一个鱼骨头架子，鱼嘴还在动弹呢！"经理三言两语，逗得客人捧腹大笑，早已忘了一开始问的是"明明鱼已经熟了，为什么鱼嘴和鱼鳃还在动"。

在上述例子里，经理就是巧妙地运用了循环论证来忽悠店里的客人。客人明明是问经理"鱼已经烧熟了，为什么鱼嘴、鱼鳃还在动弹"，按照这个逻辑，经理应该给客人解答造成这个现象的具体原因。然而，从经理嘴里说出来的理由却是"店里的厨师厨艺精湛"。这个理由体现了饭店的档次很高，但根本没回答客人的问题，是答非所问。细究经理的一番说辞，我们就会发现，他不过又换了一套说法重复了一遍客人要求他解释的现象：为什么鱼已经熟了，鱼嘴和鱼鳃还能动弹。可见，经理根本没从逻辑上或道理上解释这一现象的原因。

我们需要注意的一点是，高深的循环论证很难一时之间就被识破，这是因为它的论点在逻辑上是行得通的，但结论一般与之前的前提或假设完全一致，只是换了一套说辞，也就是说，结论并不是在对前设推理的基础上得来的。循环论证的症结在于从一开始就假设命题是成立的,因此,论证过程本身已经毫无意义,只是在刻意回避某个问题。

7

「 白马非马:事物的内涵与外延 」

关键词提示:马、白马、内涵、外延

诞生于春秋年间的名家学派是中国古代诸子百家中的一派,"名家"并不是"名师大家"的省略形式,而是致力于研究名与实之间的辩证关系的一个学派。在诸子百家之中,大多数学派在理论上注重探讨各种重要的社会问题,比如修身、养性、为人、处世、治国等。即使是当时的阴阳家也会整理或编撰出一系列类似"老黄书"的书籍,对社会底层人民的精神生活加以指导。然而,名家学派对这种现实问题却不关注,而致力于探讨有关逻辑思维的纯智力思维活动。

在汉朝之后,名家学派逐渐走向没落,然而,仍在理论上为中国逻辑思维的发展做出了巨大贡献。名家学派提出了很多逻辑思考问题,还提供了绝妙的论证方法,这是他们最大的建树之一。然而,作为道家学派的一代大家,庄子却认为这些名家学派的名人志士虽然辩才精绝、才华出众,却只能让人们嘴上服输,而无法做到真正的心服口服。原因在于这些名家学派提出的逻辑思维问题大多数都是逻辑悖论。

在战国时期的学术领域里,名家学派可谓称霸一时,其中精妙绝伦的辩论术就是他们最有力的工具。名家学派提出了一连串逻辑悖论,这些悖论往往超出了普通人的尝试范畴,乍听之下,让人觉得是胡说八道。然而,逻辑悖论的奇妙之处在于,人们很容易察觉其结论的错误或漏洞,但辩论

的过程乍听之下又让人觉得自有一番道理。最终，那些逻辑思维不强的人们常常被弄得不得要领。中国古代来自名家学派的最经典的一个逻辑悖论要数公孙龙提出的"白马非马"。

公孙龙是战国时期名家学派的重要人物，曾著有《公孙龙子》一书，这本书深得战国四公子之一的平原君赏识。在该书中，"白马非马"是经典的一段辩论。

战国年间，在赵国，一场马匹的烈性传染病发生了。为了防止瘟疫侵入，各国纷纷下令封锁全城，严禁马匹进入城内。在函谷关口，秦国也贴上了一张告示并派出重兵看守，禁止来自赵国的马匹入城。

这一天，公孙龙恰好骑着一匹白色的马儿，途经函谷关。

守城的士兵上前拦住他，说："你可以进城，但是必须把马留在城外。"

公孙龙奇怪地说："白马非马，为什么我的白马不能入城呢？"

守城的士兵说："白马怎么就不是马了？"

公孙龙说："按你的说法，我名叫公孙龙，我就是一条龙的。你仔细看看，我是不是龙？"

听了公孙龙的话，士兵愣住了，但仍坚持说："按照我国规定，凡是从赵国来的马都不能入城，因此，不管你骑的是白马，还是黑马，统统不能入城。"

听罢，公孙龙哈哈大笑着说："'白'是一种颜色，而'马'是一种动物的名称，颜色和名称本来就是完全不同的两件事。我们可以把'白马'这个词分成两部分，要么是'白'和'马'，要么是'马'和'白'，这两个词表达完全不同的概念。比如，你去市场跟马贩子直接说'买一匹马'，那么，他可以给你黑马、棕马，然而，如果你跟他说'买一匹白马'，那么，他就不能再给你黑马或棕马，而必须给你白马。这足以证明'马'和'白马'完全是两回事。可见，我说'白马非马'是再正确不过的。"

听着公孙龙绕来绕去，守城的士兵越来越迷糊，最终被他的一番诡辩弄得晕头转向，哑口无言，只能无奈地让公孙龙骑着他的白马进了城。于是，公孙龙也靠着《白马论》的诡辩之术名声大盛。

然而，"白马非马"其实就是一个逻辑悖论，在现实生活中，这个命题在逻辑上是站不住脚的。中国近代著名哲学家冯友兰先生曾研究过《白马论》，在他看来，公孙龙有关"白马非马"的论证主要是从以下三方面展开的。

第一，强调"白"和"马"的内涵不一样，"白"的概念指的是颜色，"马"的概念指的是动物，两个词的内涵不一样，于是得出"白马非马"的结论。

第二，强调"白马"和"马"的外延不一样，"白马"单纯指的是白马，以颜色作为区分；而"马"是各种种类的马的统称，不以颜色作为区分。可见，两个词的外延是不一样的，因此，得出"白马非马"的结论。

第三，强调"马"和"白马"的共同属性也是不一样的。"马"表现的是所有马共有的属性，也就是"马是马"，不包含颜色的意思。而"白马"指的是白色的马。可见，两个词的共同属性是不一样的，因此，得出"白马非马"的结论。

如果对逻辑学有所了解，我们就会知道，在不断与诡辩论抗争的漫长过程中，辩证法产生并逐渐发展起来。正如黑格尔所说，"辩证法与诡辩论看似雷同，实则应该完全区分开来。就本质上说，诡辩本来就是将一切事物都孤立地看待，以事物片面的表象乃至抽象内涵作为衡量准则"。

如果我们从辩证法的层面来审视"白马非马"这一逻辑悖论，就会发现，这个命题早就将事物的普遍性与特殊性之间的关系抛诸脑后。在"白马非马"中，马是普通的，也就是说，无论马是什么颜色，它都是马；而白马是特殊的，它是白色的。诚然，公孙龙的确区分了"马"和"白马"，但他的错误在于绝对化了它们之间的区别。也就是说，无论是白马，还是黑马或棕马，它们虽然颜色各异，但都是马。"马"是所有马的共性，"白马"自然也包括在"马"里。

8

「 老虎悖论：话里有话的玄机 」

关键词提示：预测、谎言、概率

在博弈论中，有一个很有名的逻辑悖论，就是老虎悖论。

很多年前，一位王子来到一个陌生的国度，对那里的公主一见钟情，于是跑去向国王求亲。国王给年轻的王子出了一道难题，如果他能顺利答对这道难题，就可以迎娶公主。

于是，王子被带到了五扇紧紧关闭着的大门前，国王告诉王子，其中有一扇门背后关着一只老虎。他对王子说："现在，你要依次把这些门打开，我敢肯定，在没有打开关着老虎的那一扇门之前，你根本无法得知老虎就在那扇门的后面。"言下之意，如果王子能在打开那扇关着老虎的门之前就知道老虎藏在后面，这就说明国王的论断出错了，他就能迎娶公主。

在开门之前，王子进行了一系列的逻辑推理：

如果老虎藏在第五扇门后面，那么，当他打开前面四扇门都没看到老虎，他自然就能猜到第五扇门后面藏着老虎。然而，按照国王的说法，他无论什么时候都无法预测老虎究竟藏在哪扇门后面，那么，国王的说法有误。可见，老虎不可能在第五扇门后面。

同理，老虎肯定也不在第四扇门后面，要不然，王子打开了前三扇门，只剩下最后两扇门，而老虎又不可能在第五扇门后面，那么，他自然能猜到老虎就在第四扇门后。

按照这个逻辑以此类推，老虎就不可能藏在这五扇门的任何一扇后面。想到这里，王子不再犹豫，冒冒失失地开始开门。然而，他刚把第二扇门打开，一只老虎就张着血盆大口，扑了出来，一口咬死了这个痴情的王子。国王见状，叹息一声，说："不是早就跟你说了，老虎藏身的那扇门是出乎你预料的吗？"

长期以来，老虎悖论一直是逻辑学家热议的焦点问题，他们讨论的重点就是这个逻辑推理究竟在哪一步出错了？其实，问题的关键在于王子相信了会"出乎预料"，却不相信真的"有老虎"。

有的人认为第一步错了。如果第一步对了，那么，为什么后面几步会出错呢？可见，第一步就错了。

有的人认为第二步错了。故事里，王子最后坚信"根本没有老虎"。然而，国王并不知道王子是否会这样想，因此，他确实不会把老虎安排在第五扇门。如果王子相信"肯定有老虎"，那么，当他逐一打开前四扇门都没有看到老虎的情况下，那么，在第五扇门后面有老虎的情况也就成为"预料之内"的了。

如果老虎在第五扇门后的情况是"可以预料"的，那么，当王子把第三扇门打开时，情况又如何呢？我们可以尝试着把这个逻辑公式书写下来：

前提1：老虎是不可预测的；
前提2：如果老虎在第五扇门后，那么，就是可以预测的；
前提3：当老虎不在第五扇门后，那么，它就肯定在第四扇门后；
前提4：如果老虎在第四扇门后，那么，就是可以预测的。

基于上述四个前提，我们最后得出的结论是前提之间是互相矛盾的。

然而，我们需要明确的是，既然上述这段逻辑推理的前提是互相矛盾的，那么，就肯定有至少一个是不成立的，那么，可能性也许就是下面四个中的一个或更多：

（1）老虎是可以预料的；
（2）如果老虎在第五扇门后，就是不可预料的；
（3）如果老虎不在第五扇门后，那么，它也肯定不在第四扇门后；
（4）如果老虎在第四扇门后，就是不可预料的。

上述命题里，命题1和命题4是互相矛盾的，不用予以考虑。命题3则会导致老虎悖论演变成"薛定谔的猫"，也就是说，会有两种相反的情况同时存在。因此，唯一的可能就是"老虎是可预测的"。然而，如果老虎是可预测的，那么，就说明国王说了谎。如果国王说了谎，那么，老虎的确有可能真的消失不见了。

这时，正确的结论就是"国王肯定说谎了"，然而，他的谎言也存在两种情况：一种是"老虎是可以预料的"，另一种是"根本就没有老虎"。然而，在故事里，王子只是单纯地偏向于其中的一种可能性，最终帮国王圆了谎。

还有的人认为最后一步错了。如果说，"不可预料"并不是一种绝对的保证，而只是说明"概率很高"，那么，反过来说"一定有老虎"才是一种保证，那么，整个情况又彻底扭转了。据此，我们可以列出以下几种情况：

如果王子连续猜测五次"老虎不在"，那么，不可预测率达到了100%，这种情况当然是最糟糕的。

如果王子连续五次都猜测"老虎在"，不可预测率一样达到了100%。

如果国王随意地把老虎放在某扇门后，那么，王子这时可以采取如下策略：

第一，前两次不猜，再连续猜"老虎在"，那么，他成功的概率依次是0分、0分、100分、50分、0分，平均分是30分。

第二，前三次不猜，再连续猜"老虎在"，那么，他成功的概率依次是0分、0分、0分、100分、50分，平均分也是30分。

然而，要实现以上两种高分的情况，前提是前面两扇门必须是安全的，因此，在实际解答中必须配合以下策略：

第三，第一次猜"老虎在"，那么，他的成功概率依次是100分、-50分、-50分、50分、0分，平均分只有10分。

第四，第二次猜"老虎在"，那么，他的成功概率依次是0分、100分、50分、0分、-50分，平均分也只有20分。

为了让计算更便捷，我们不妨假设王子平均地运用了上述四种策略，综上所述，老虎被放在五扇门中不可预测率的平均值分别是 75%、87.5%、75%、50%、100%。

根据这些数据结果，我们也可以对国王的应对策略进行相应的分析：第五扇门的失分率最低，如果把老虎放在那里，极有可能被王子赌中，因此，国王的最佳选择是把老虎放在失分次低的第二扇门后。这时，王子猜中的几率仍在 20% 以下，国王当然也可以信心满满地说"老虎在那扇门后"这道难题有着极高的不可预测率。

上述分析与计算只是很粗略的，更严谨的计算需要运用博弈论。然而，这足以说明王子是在最后一步出错了：他应该通过"根本没有老虎"这个矛盾的结论中推出国王所说的"不可预料"其实指的是一种概率的高低，接着，再根据概率的高低进一步推出国王究竟把老虎放在了哪扇门后面。

第十二章

逻辑陷阱

看诡辩者歪曲逻辑

1

「 逻辑陷阱，诡辩者的"逻辑" 」

关键词提示：诡辩、错误判断

德国著名哲学家黑格尔曾给"诡辩"下了一个很精准的定义，即诡辩是"将逻辑上的谬论吹得天花乱坠，混淆视听，让人们信以为真。通过任意形式，借助错误判断，否定真理，让人们动摇对真理的信念"。这段话中，"通过任意形式"指的是诡辩者的言论或行为是不符合逻辑规则的；"借助错误判断"指的是诡辩者故意在论证过程中运用错误判断来混淆视听。诡辩的基本特征就在于此。

列宁曾运用逻辑推理从更深层次揭露了诡辩，他说："运用概念时，一定要全面而普遍地分析问题，尽可能保持灵活性，实现论证的对立统一。然而，任何不符合客观事实而在主观层面利用这种灵活性的言行都属于诡辩。"

那么，诡辩究竟是什么呢？我们先看看下面这个小故事。

逻辑课堂上，两名大学生听完了老师讲的诡辩篇。他俩反复琢磨，也没弄清楚"诡辩"究竟是什么。于是，他们去问逻辑学老师："老师，请问诡辩究竟是什么？"

这位老师精通逻辑学，也曾深入研究过诡辩术。他没有直接回答问题，稍作沉思，说道："前两天，有两位朋友去我家做客，他们一个有点洁癖，另一个却很邋遢。吃完饭，我带他们去澡堂洗澡。你们猜，他俩哪一个去了？"

两名学生想也没想，脱口而出："肯定是那个邋遢的朋友！"

老师摇摇头，说："不对，是有洁癖那个。因为他爱干净，所以他常常洗澡；而邋遢的那个人却觉得洗澡很麻烦。你们再想想，究竟是谁去洗澡了？"

听罢，两名学生又说："是有洁癖的人去了。"

老师又反驳说："还是错了，其实是那位邋遢的朋友。你们想，他全身脏兮兮的，必须马上洗澡；而有洁癖的那位浑身上下清清爽爽，其实不用洗澡。"接着，他又问："那么，这两位朋友到底谁去洗澡了？"

学生又改口了："那位邋遢的！"

老师摇头说："还是不对！其实他俩都去洗澡了。有洁癖的人已经养成了每天洗澡的习惯，而邋遢的人则急需洗澡。这样说来，他们到底谁去洗澡了？"

两名学生被老师的话彻底绕晕了，犹豫再三，才说："是不是两个人都去洗澡了？"

老师又反驳说："其实，他俩都没去洗澡。因为有洁癖的人很干净，不需要洗澡；邋遢的人嫌洗澡麻烦，不愿意洗澡。"

两名学生有点着急了，说道："您说的话听上去都很有道理，但是，究竟谁去洗澡了呢？为什么谁去都是错的？您给出的答案一直在变化，但是，我们又挑不出推理过程错在哪里了。"

老师满意地点点头，说："你们的分析完全正确！你们现在明白了吗？这就是诡辩啊！"

我们必须承认，诡辩者的逻辑思维要比普通人更胜一筹，也更严谨。在古希腊时期，哲学领域百花争艳，诡辩学派就是其中很有名的一个派别。他们只是对诡辩术很有兴趣，致力于钻研这项纯智力的思维活动。可见，研究并破解诡辩术也是逻辑学重要的一部分。

诚然，细细推究一番，就会发现诡辩者的言论在逻辑上是不成立的，然而，比起那些逻辑思维能力较弱的普通人，他们思考问题时确实在形式上更遵循逻辑推理，换言之，在表面上符合逻辑。每当诡辩者理直气壮地指责对方的论述毫无逻辑时，对方总是被他的气势震慑住，一时之间哑口无言，根源也正在于此。因此，必须先弄清楚诡辩者的思维逻辑，才能更好地识破他们精心布下的逻辑陷阱。

一般来说，诡辩者的思维逻辑主要基于以下三点：

第一，人们对某些事物概念的认知模糊不清，诡辩者借此来构建诡辩论。

第二，通过偷换或模糊论题的方式来扰乱对方的思路。

第三，凭空捏造一些似真实假的论据，作为诡辩的前提。

虽然诡辩者有着五花八门的诡辩伎俩，但是，归根结底都是围绕着上述三种"逻辑"展开的。

随着互联网时代的到来，人们享有了越来越多言论自由的权利，越来越多新颖的诡辩手法也随之涌现，需要我们在日常生活中用心甄别，进一步进行研究和总结。

2

「 不相干论证，阿Q的神逻辑 」

关键词提示：不相干论证、必然联系

阿Q是鲁迅先生笔下的经典人物，他有一段"名言"："一个女人在外面走来走去，肯定是想勾引男人；一男一女在角落里窃窃私语，肯定是有什么见不得人的勾当。"阿Q的这番言论颇有些乱点鸳鸯谱的意思，两件毫无关系的事情硬是被他扯在了一起，还非要生硬地推出一个结论来。

虽然阿Q是个土里土气的乡下人，但是，在邻里间的辩论中，他却是常胜将军。他在辩论中获胜的法门有两招，那就是精神胜利法和特殊的逻辑。阿Q有时还会利用特殊的逻辑办一些荒唐事。比如，他跑去静修庵，调戏那里的老尼姑，辩解说："为什么和尚就动得你，我就动不得？"有一次，他还跑去静修庵里偷蔬菜，被老尼姑抓了个正着。阿Q不但不羞愧，反而理直气壮地抱着偷来的白萝卜，说："你说它是你的就是你的？有本事你喊它一声，看它答不答应你！"

面对这么高明的一番问话，理智尚存的人都会被问得不知如何应对。概括来说，阿Q的逻辑很简单，那就是"推不出"，也就是说，从前提出发，无法必然推出结论。在逻辑学中，"推不出"的逻辑陷阱被称为不相干论证，也就是说，所使用的论据是无法论证论题的。实际上，论据与论题之间并不存在任何必然的联系。

很久以来，我们都习惯称好色之徒为登徒子，然而，很少有人知道其实登徒子被冤枉了。那么，究竟是谁冤枉了他呢？很明显，正是宋玉，《登徒子好色赋》一文就是出自他笔下。下面我们一起来看看宋玉是如何抹黑登徒子的。

登徒子是楚国大夫，一日，他在楚王面前说宋玉坏话："宋玉仪表堂堂，气宇轩昂，辩才出众，更重要的是此人贪恋女色，大王万万不可准他进入后宫呀！"听完登徒子的一番话，楚王前去质问宋玉。宋玉辩解说："大王，臣容貌俊美，却是天生的；长于言辞，却是从师长那里学来的；至于贪恋女色，则是无中生有。"楚王说："空口无凭，你有什么理由证明自己不贪恋女色吗？"

于是，宋玉解释道：纵观天下女子，再没有哪国美女比得过楚国了。纵观楚国，又没有哪个地方的美女能比得过我的家乡。纵观我的家乡，最美丽的姑娘就是我邻家的幼女。此女增一分则嫌太高，减一分则嫌太矮；涂上脂粉则嫌太白，抹上朱红则嫌太赤；两眉弯弯，恰似翠鸟的羽毛；肌肤晶莹剔透，恰似白雪；腰身纤秾合度，恰似裹着素帛；牙齿整整齐齐，恰似一排小贝；嫣然一笑，就足以让阳城和下蔡一带的人们都为之倾倒。然而，这位绝色女子却日日夜夜趴在自家墙上，窥视臣的饮食起居，已有三年之久。直到今日，臣还没有答应与她来往。然而，登徒子却和臣不同，他的妻子一嘴龅牙，嘴唇外翻，弯腰驼背，蓬头垢面，走起路来还一瘸一拐的。日日夜夜面对这样一位丑妇，登徒子却喜欢得不得了，还育有五个子女。试问大王，臣与登徒子究竟谁才是好色之徒？

经过宋玉的一番言论，楚王马上相信登徒子才是那个好色之徒，从此不愿再重用他。其实，我们只要仔细分析一下宋玉的话，就会发现，虽然他列举的各种理由能勉强证明自己不是好色之徒，却无论如何也无法证明登徒子是好色之徒。登徒子丝毫不嫌弃结发妻子年老色衰，还与她生育了五个子女，这与他好色与否显然没有任何必然的逻辑关系。娶妻生子乃是人之常见，何以见得登徒子好色呢？显然，宋玉的一番诡辩正是利用了不相干论证。

3

「 怜悯陷阱，同情心泛滥 」

关键词提示：诉诸怜悯、同情心

电影或电视剧里经常会上演这样的桥段：一个人跪在地上，连连求饶，嘴里念叨着："求求你，放过我吧！我上有八十岁的老母，下有嗷嗷待哺的孩子，我要死了，他们也活不下去了！可怜可怜我的老母亲和孩子吧！"这样一番求饶的告白会引起你的怜悯之心吗？

实际上，在现实生活中，这番场景也时常上演，十之八九却是一些骗人的伎俩，通过诉说自己的种种可怜境遇来博取他人的怜悯或同情，从而获利。这种场景就是逻辑陷阱中很常见的一种，即诉诸怜悯。有的大忽悠经常利用这种方式博取同情，绕来绕去，最终让人们忽略了某些正当的观点，最终接受了他们的论点。

仔细分析一下诉诸怜悯的论证形式，就会发现一个很有趣的现象：A的境遇是如此悲惨，A是如此让人同情，因此，有关A的命题P肯定是正确的。显然，这种论证方式在逻辑上是不成立的，原因在于前提与结论之间根本没有必然联系。事实上，某个人的悲惨境遇与结论是真是假并没有直接关系。

冬天，在一处开阔的广场上，一个青年男子赤裸着上身，趴在冰凉的地面上，两只裤腿耷拉在身后，空空的。男子把左脸紧紧地贴在地面上，面前摆放着一个纸盒子。他往前挪动一步，就用头把纸盒子朝前推一下。这时，开始下起了细细的小雨,他的身子瑟瑟发抖,格外可怜。很多行人从他身边路过,纷纷驻足,朝着纸盒子里不断投硬币。就这样,年轻的男子绕着广场爬了一圈又一圈,纸盒子里的硬币越来越多,已经快装不下了。这时,只见这位"断腿"男子猛然间坐起来,从身旁的一个书包里掏出衣服,三两下就穿好了。接着,原本"断了"的两条腿也伸了出来。他站起身来,拍掉站在身上的尘土,完全无视周围人群投来的诧异的目光,一把抱起装满了硬币的纸盒子,快速离开。

在日常生活中,我们也可能遇到过上述场景。这位"残疾"乞丐利用身体的残缺来诉诸怜悯,博取我们的同情心,骗取钱财。如今,社会上很多假乞丐就是靠着这种方式获利的。

大多数情况下,当我们同时听到两个版本的陈述时,陈述者的眼泪往往能催生听话者的怜悯,然后使听话者渐渐丧失了理性的思考。

一天,一位年轻妈妈带着孩子去菜市场买菜。这时,一位大妈突然冲上来,对着年轻妈妈又哭又叫:"你这女人真狠心啊,可算找到你了!"接着,一个白白净净、斯斯文文的年轻人又冲上来,挥手就打了孩子妈妈一巴掌,接着,又开始用力推搡她,嘴里念叨着:"孩子正生病呢,你为啥把他带出来?"

孩子妈妈被他推得一个劲儿往后退,一不留神就被身后的台阶绊倒了。那个大妈一个箭步冲上去,一把抱起小孩,嘴里还唠叨着:"宝宝生这么重的病,你非要带他出来,哪有这样当妈的!"那个男的又用力打了孩子妈妈几下,扭头对大妈说:"快点,快点,带孩子去医院!"于是,大妈抱着孩子,上了一旁的摩托车,男人跨上摩托车,飞快地开走了。而孩子妈妈在一旁哭喊着,根本不认识那两人。围观的人群只是眼睁睁看着,误以为眼前这一幕是一场家庭内部纠纷。直到两个骗子跑得没影了,人们才回过神来,原来是他们把孩子抢走了。

在这起案件中,罪犯的策划太过精明,巧妙地利用了围观人群的同情心。女骗子假扮成孩子的奶奶,哭着喊着,念叨着孩子生着病,孩子妈妈还带着他出来,很轻松就博得了围观人群的同情心,让人觉得孩子妈妈不知轻重。接着,他们会同情孩子,认为应该让奶奶带着他去看病,以免病情加重。同时,男骗子还打了孩子妈妈,孩子受到惊吓,哭了起来。孩子的哭声更加引发了围观者的同情心，更加确信这两个人的确是孩子的奶奶和爸爸，眼前上演的这一幕是家庭矛盾，作为外人不便干涉。人贩子正是利用围观人群的怜悯之心，在青天白日之下抢走了孩子。

4

「 加入假设，暗中操作 」

关键词提示：诱导、暗示、提问

利用诱导与暗示，也经常能让他人一步步落入精心设计的逻辑陷阱里。现实生活中，有的人会利用不当的提问方式来操作或限制对方的回答，直接性提问、强制性提问、重复性提问、确认性提问都在此列。

比如，有的人会故意在问题中加入一个假设，一旦回答者回答，就相当于默认同意，如"你还偷东西吗？"无论你如何回答这个问题，都不可避免地会落入提问者精心设下的圈套里。

我们在现实生活中务必要分清楚"现实"与"感觉"，如果错误地把感觉视为现实，不断地暗示自己，就会做出傻事来。下面这个故事就是这样。

有一天，一个人的一把斧头丢了，他认为是邻居偷了，于是每天都暗中观察邻居。看邻居与自己交谈时流露的神情，觉得他像小偷；看邻居与其他人说话时的神情，觉得他像小偷；看邻居走路的姿势，也觉得他像小偷。左看右看，无论如何都觉得邻居就是偷走那把斧头的小偷。

不久后，这个人去山上砍柴，在草丛里找到了那把弄丢的斧头。回来后，他继续暗中观察邻居，却再也不觉得他像小偷。

可见，人们的主观看法是很容易影响自己对客观事实的认知的。因此，如果只从主观的角度去认识和了解客观世界，得到的结果自然也是不合逻辑的。

日本东京大学心理学系的同学们曾做了一个很有趣的实验。实验中，被试人员被分成两组，将同一个人的同一张照片出示给他们看。然而，区别在于第一组人员被告知这个人是一位科学家，学识渊博、风度翩翩；而第二组人员被告知这是一个十恶不赦的抢劫犯。接着，让两组人员分别用词汇对照片上人物的相貌进行描述。于是，截然不同的结果出现了：第一组普遍使用的词汇是坚韧、睿智、向上；而后一组普遍使用的词汇是阴险、残忍、绝望。

基于不同的提示，两组居然使用截然不同的词汇来描述同一个人，可见，暗示的威力是何其巨大！"破窗理论"是一个心理学方面的理论，它指的是，如果有人把房屋的窗户打破了，而且没有及时修补这扇窗户，那么，对方可能会受到某种暗示，继而将更多窗玻璃打破。时间长了，这些破碎的窗玻璃会让人产生一种混乱无序之感。

同理，如果一栋建筑物的一面墙壁上被人随意涂鸦，没有被及时清洗，不久后，这栋建筑物的墙壁上会布满了涂鸦，乱七八糟，不忍入目。然而，如果置身于一个干净整洁的场所里，人们会自觉地约束自己的行为，不好意思随意乱扔垃圾。然而，一旦地上有了垃圾，人们就会到处乱丢垃圾，不会感到一丝一毫的羞愧。

我们除了会受到来自外界暗示的影响外，也会在心理上暗示自己并做出相应的反应。

一群科学家曾将数十名运动员召集起来，进行了这样一个有趣的实验：运动员被随机地分配为两组，第一组每天四处闲逛，无所事事，第二组则想象自己每天都要进行艰苦的训练并最终通过努力在比赛中获奖。两个月后，科学家分别检测了这两组运动员的体能，结果表明，第一组运动员的体能迅速下降，而第二组运动员的体能较之以往反而还有所提升。因此，科学家得出了一个很有意思的结论：提前展开一些比较正面的想象，可以予以自己正面的心理暗示，促使自己朝着自己所希望的目标不断发展。

可见，就某种程度而言，人类的思维活动是受心理因素影响的，因此，我们应该经常自省。我们在思考或处理问题时，不应该让过往经验、思维定式、个人偏见等心理方面的主观因素干扰自己的判断。思维活动应该以客观事实为基础，才能达到正本清源的目的。

不充分谬误：闻到菜香味不等于吃到菜

关键词提示：前提、不充分

所谓"不充分"，指的是虽然前提与结论有一定关系，但是，前提不足以充分支持结论的成立。也就是说，即使前提是正确的，也不足以完全确定结论是正确的。

"以论据为出发点，进行合乎逻辑的推理，最后得出结论"是论证必须遵循的一条重要原则，也就是说，论据与结论之间必须存在必然联系。一旦违反了它，就会犯下"不充分"的逻辑错误。比如说，惩罚的严厉程度应该与违法乱纪的严重程度保持一致。现在，大部分酒后驾驶的案例只是处以罚款，然而，酒后驾驶很容易导致行人无辜丧命，其实是严重的违法行为。

在论证过程中，我们要区分清楚何为论据，何为结论，然后进一步检查论证是否能客观地推出结论，看它需要以哪些论据作为支撑，以及论证过程中是否提供了此类论据。当得出的结论太绝对或太宽泛时，我们就容易犯"不充分"的逻辑错误。

现实生活中，有些别有用心的人还会经常利用"不充分"的逻辑谬误设下陷阱，引人入套。面对比较宽泛的观点或主张，我们要格外小心。

一般来说，"不充分"的逻辑陷阱有以下几种表现形式：

第一，推理形式不合逻辑，也就是说，根据论据不能必然推出结论。比如这个三段论：

任何金属都是可以重塑的；

橡胶是可以重塑的；

因此，橡胶是金属。

这个三段论中提供了两个前提，分别断定了"金属"和"橡胶"是可以"重塑"的。然而，前提并没有明确指出"金属"与"橡胶"之间的关系，因此，也无法推出"橡胶是金属"这一结论。

第二，论据与结论之间没有必然联系。有些诡辩者提供的论据看似言之凿凿，实则与结论没有任何联系。比如说"因为她没考上大学，所以她学习不用功"，其中的论据"她没有考上大学"是客观真实的，然而，论据"她没考上大学"和结论"她学习不用功"之间在逻辑上并不存在必然联系，造成她考大学失利的原因可能是多方面的。

第三，论据不充足。在一段论证中，对论证结论的真实性而言，所使用的论据可能是必要不充分的。比如，"如果下雨了，地面会变湿。现在地面变湿了，因此，肯定下雨了。"例子中，"下雨"是"地面变湿"的充分条件，但是，"地面变湿"却不是"下雨"的充分条件，也可能是下雪了，也可能是洒水车碰巧路过。因此，我们不能仅仅根据"地面变湿"这个条件就必然能推出"下雨"这一结论。

第四，论据是不真实的。有的论证过程虽然摆出了一长串论据，但是，这些论据却是虚假的。比如《伊索寓言》中《狼与小羊》这则寓言故事。

有一天，狼来到河畔，一只小羊正在那里低头喝着水。

狼饥肠辘辘，想吃掉小羊，就找各种碴。狼说："你弄脏了我喝的水，安的是什么心？"

小羊抬起头，礼貌地说："狼先生，我哪里会弄脏您喝的水呢？您站在上游，水是从您那边流向我这边的，而不是从我这边流向您那边的。"

在这个故事里，为了找碴吃掉小羊，狼提出的理由是位于河流下游的小羊弄脏了上游狼要喝的水。这个理由明显在逻辑上是不成立的，也因此被聪明的小羊一下子驳倒。

6

「 诉诸人身：不对事，只对人 」

关键词提示：负面特征、人身攻击

诉诸人身，指的是可以夸大某个人的负面特征，通过明示或暗示的手段让人们认为他的某个观点不可取。该负面特征经常从地位、处境、阶级、态度、人格、动机等入手。

人身攻击是诉诸人身最常见的一种形式，在辩论中也时有发生。辩手不依赖事实、证据、理由等来捍卫观点，而是通过贴标签或攻击对手人品等方式来进攻对方。

人身攻击的威力强大，能有效将人们的注意力从论据或论证过程本身上转移。通常，人身攻击以"不应该相信某人提出的某种观点"为结论，而提供的理由则是某人是伪君子或道德败坏的人。涉嫌人身攻击的论证，针对的不再是对手的论证，而是对手本人，这就是典型的"不对事，只对人"。比如下文 A、B 两位老师间的对话：

A 老师："今年年终总结时，校长说下学期要把学校周围的店铺都改成商铺，这样一来，商铺的租金每年都能为学校带来不少利润。"

B 老师："我早就说过，这位新来的校长根本不是搞教育的，而是商人，张口闭口谈的都是钱。你看，我说得没错吧？"

B 老师的这段话就是利用人身攻击设下的逻辑陷阱。A 老师最先阐述了校长的计划及其好处，然而，B 老师并没有直接批评计划，而是开始攻击校长一切向钱看齐，是个商人。从本质上说，这种手法就是用不道德的论战手法代替符合逻辑的论证，从而在论辩中占据主动权。

此外，诉诸人身还有一种形式，就是指责对手也做过有悖于他观点的事，因此，他的论证不足信。比如，一个小伙子喜欢抽烟，父母动之以情，晓之以理，还列出了许多理由，比如抽烟不利于身体健康、浪费钱等。然而，小伙子反驳道："我不能接受你们说的话，像我这么大时，你们不也抽烟吗？"要知道，虽然父母曾经做过有悖于他们现在所持观点的事情，这也丝毫无损于"吸烟有害健康、浪费金钱"这一论据的正确性。然而，这个小伙子非但不就事论事，反而直接用矛头指向父母。可见，他的一番辩解也是使用了"人身攻击"的逻辑陷阱。

我们都知道"因人废言"这个成语，大概意思是把对方说得十分不堪，暗示听众对方的话不足信。比如"有些人吃饱了闲得慌，说我这件事做得不对，我做得对不对跟你有什么关系！"分析一下这句话，就会发现隐藏于其中的逻辑就是：吃饱了没事干的人乐于无事生非，而对方正是吃饱了没事干的人，因此，他肯定也乐于无事生非。然而，论据"吃饱了没事干"和结论"喜欢无事生非"之间并没有必然联系。

在辩论中，如果你只是单纯想战胜对手，"不对事、只对人"往往能发挥出人意料的效果。事实上，你只是表面上"战胜"了对手，却没有真正在逻辑上压倒对方。

7

「 广告偏见，一本正经的胡说八道 」

关键词提示：偏见、过度概括

当我们看到电视上播出的广告，某位当红明星正在使用一款产品，这最多说明厂商支付酬劳请他代言，而明星身份并不足以确保产品质量。

正如我们所知，有些广告并不合情合理。造成这一现象的原因很多，

第十二章 逻辑陷阱：看诡辩者歪曲逻辑

今天，我们重点关注的是广告的过度概括。比如，我们想合情合理地概括某一事物，就必须以充足的证据为基础，比如数量充足的样本，而非刻意挑选出来的样本。然而，大部分广告中隐含的概括都是缺乏保证的。

假如我们面对的是一款沐浴露的广告，那么隐含在广告中的概括就是，作为消费者，我们应该使用这款沐浴露。当红明星为这款沐浴露代言，并不能合理论证我们应该购买这款沐浴露。比如，大多数消费者对这款沐浴露很满意，只有少数人不满意，那么，它就会广受好评，然而，抛开明星光环，一个当红明星的广告代言其实不足以制造这种效应，因为他并不能代表广大消费者。更严格一点来说，如果不是广告利用了过度概括的手法，它根本不适用于普通消费者。也就是说，它可能适用于那位当红明星，但我们并不是当红明星，因此，对我们普通消费者并不适用。这类广告之所以能产生巨大的吸引力，就是因为广大消费者希望在生活起居的某一方面与当红明星保持一致。

广告商花费巨额酬金请明星为其代言产品，其实就是希望消费者在潜意识里将这款沐浴露与想出名、想当明星、想受到万众瞩目的那种渴望联系起来。这其实是利用了"捆绑联结"的心理学效应，指的是一旦人类意识中建立起了两个对象的联系，那么，每当看到其中某一个对象，马上就会想起另一个。比如，我们听到蝉鸣，就会想到夏天，反之亦然。

广告商就是希望你将这款沐浴露与魅力四射的明星建立起联系，每当你在超市的购物架上看到这款沐浴露，你就会产生购买的冲动，而完全不会考虑购买的原因。换言之，广告商希望你在潜意识里毫不理性地概括这些信息：适合明星使用的这款沐浴露可能也同样适合你，而这款沐浴露也会让你变得魅力四射。

既然明星代言不足以成为购买沐浴露的理由，那么，如果有人确实使用过这款沐浴露呢？能否听从体验者的建议，考虑购买这款沐浴露呢？

确实，广告商为了博得消费者信任，甚至会在广告上刊登使用者的感受。然而，这些使用感受只能证明一点，那就是使用者很喜欢这款产品。或许，事实也确实如此，比如公司收到了一封称赞该产品的信以及多封指责产品质量不佳的投诉信，然而，该公司对投诉信秘而不宣，只公开了这封称赞信，这就是用偏见在筛选证据。因此，这封公开的称赞信对该产品的价值与受欢迎程度做出的概括是没有丝毫意义的。

可见，针对产品做出的概括性结论，不应该以有失偏颇的样本选择和令人质疑的证据为依据，而必须以数量充足的、具有代表性的样本为依据。广告商努力搜罗着可以说服大众的事实，而对其他证据视而不见，他们的个人动机强烈地影响着广告样品的挑选。最终，广告成为了建立在个人偏见之上的过度概括。

8

「 权威的藩篱，逻辑的枷锁 」

关键词提示：权威、多元性、变化性、时效性

在说话或写文章时，为了佐证自己的观点，我们经常喜欢引用一些名人名言。有时，因为业内的某位权威说过某句话，人们甚至会不顾逻辑是否合理，就据此论证这一观点是正确的。这种想当然无异于作茧自缚，会让人落入自己设下的逻辑陷阱里。

在中国的语境下，"权威"是一个人们都很熟悉的字眼，在封建社会，老百姓饱受摧残和压迫，对权威既崇拜又畏惧。在近代社会，中国的劳苦大众也饱经苦难，对权威也格外推崇。这种状况直到新中国成立后才有所改观，然而，还是有些人迷信权威。因此，也有不少人利用权威来设下逻辑陷阱。

实际上，"权威"是一个舶来词。《现代汉语》对"权威"的解释是"在某领域内最有地位的人或事物"或"使人信服的力量或威信"。总而言之，所谓"权威"，就是在某个领域或某个方面能做出总结性陈述的个人或组织。能够成为某领域内权威的个人或组织，必然有着丰富的经验、严谨的态度、

不凡的见识，故而，在许多人看来，权威的意见是不容忽视的，值得借鉴与参考。正因为如此，盲目地崇拜权威、滥用权威的现象也屡见不鲜：将权威者的话语视为最高标准，用权威代替逻辑与事实。

事实上，任何权威都是相对的、变化的、多元的，具有时效性。明朝年间，大思想家王守仁说过，"夫道，天下之公道也；学，天下之公学也。非朱子可得而私也，非孔子所得而私也"。言下之意，道是天下的大道，学问也是天底下所有人的学问，而不是为朱子、孔子这样的学问大家所私有的。每个人都有追求学问、体悟大道的权利。众所周知，中国古代社会是以儒学作为建国立国的思想基础的，在封建社会，儒家学说占据着显著地位。到了宋明年间，朱熹提倡理学，是当时正统学问不容置疑的权威。在当时的情况下，很少有人敢于公开提出异议。而王守仁却是当时的异类，他指出，人们求学问道只需从"良知"出发，对朱子、孔子的学说乃至儒学经典都不必盲信、盲从。以这一观点为出发点，王守仁鼓励他的弟子在遵循良知的前提下，积极发挥创造力，打开思维的那扇大门。也正是如此，王守仁才摆脱了权威这道"藩篱"的桎梏，开创了心学学说，终成一代大家。

如今，权威的藩篱在我们生活中也屡见不鲜，滥用权威的现象尤其严重。以广告为例，无论是街头巷尾，还是电视荧屏上，五花八门的广告精彩纷呈，各种品牌和产品都请来明星、名人代言。在普通老百姓看来，这些明星、名人肯定是某个领域内的权威人物，也因此很容易盲目地相信他们，认为他们代言的产品是有保证的。然而，事实却往往大相径庭，明星代言的产品中也有不少质量堪忧。因为他们并不是该领域的权威人士，他们对产品的认识与普罗大众别无二致。

我们有必要认识到，所谓权威都是针对其专业领域而言的。比如，一个历史学家能考证历史文物的年代问题，却不能解决兴建水库的问题；一个物理学家可以探索浩瀚宇宙的无穷奥秘，却不能解决粮食减产的问题；一个小说家可以创作不朽的故事作品，却不能研究生物体的构造。正所谓"术业有专攻"，我们不能将不同领域的权威混为一谈，将某个领域内的权威误以为是无所不能的权威。